高职高专"十三五"规划教材

安全技术与管理系列

安全人机工程

ANQUAN RENJI GONGCHENG

第二版 ▶

刘景良　编

化学工业出版社

·北京·

本教材按照高职高专教学特点与需要进行编写，对安全人机工程基本理论做了系统而简明的介绍，对安全人机工程实用知识进行了较为详细的阐述。全书以贯彻人民至上、增强作业人员的工作安全感和舒适感为指引，内容包括概述、安全人机系统中人的特性、人的作业特性、作业环境、作业岗位与空间设计、信息界面设计以及安全人机系统的设计与分析评价等。

本书适用于高职高专院校安全类专业以及其他相关专业的学生作为教材使用，也可供政府安全生产主管部门、安全中介机构以及企事业单位从事安全技术管理的人员作为培训教材或参考书使用。

图书在版编目（CIP）数据

安全人机工程/刘景良编. —2 版. —北京：化学工
业出版社，2018.9（2025.2重印）
（安全技术与管理系列）
高职高专"十三五"规划教材
ISBN 978-7-122-32377-4

Ⅰ.①安… Ⅱ.①刘… Ⅲ.①安全人机学-高等职
业教育-教材 Ⅳ.①X912.9

中国版本图书馆 CIP 数据核字（2018）第 126640 号

责任编辑：窦 臻　　　　　　　　　　文字编辑：林 媛
责任校对：王 静　　　　　　　　　　装帧设计：王晓宇

出版发行：化学工业出版社（北京市东城区青年湖南街 13 号　邮政编码 100011）
印　　装：三河市航远印刷有限公司
787mm×1092mm　1/16　印张 10　字数 258 千字　2025 年 2 月北京第 2 版第 10 次印刷

购书咨询：010-64518888　　　　　　　售后服务：010-64518899
网　　址：http://www.cip.com.cn
凡购买本书，如有缺损质量问题，本社销售中心负责调换。

定　　价：28.00 元

版权所有　违者必究

FOREWORD 前 言

本书自 2009 年出版以来，我国相继颁布了许多与安全生产及职业健康相关的国家重要文件、法律法规及标准，如 2016 年 12 月印发的《中共中央国务院关于推进安全生产领域改革发展的意见》就是新中国成立以来第一个以党中央、国务院名义出台的安全生产工作的纲领性文件，文件提出的一系列改革举措和任务要求，为当前和今后一个时期我国安全生产领域的改革发展指明了方向和路径；此外，如《中华人民共和国职业病防治法》（修订版）、《中华人民共和国安全生产法》（修订版）、《工业企业设计卫生标准》（GBZ 1—2010）等法规标准，为本次教材修订提供了基本依据。本次修订力求充分反映现行适用的相关法律法规和标准，反映安全人机领域的新理论、新技术、新应用、新装备。

本书是在第一版的基础上增补及修订而成。其中新编写及修订的主要内容如下：

（1）第一章新增"第四节　人-机-环境系统的事故致因分析"。

（2）第三章新增"第三节　职业适应性"。

（3）第四章修订"第四节　噪声环境"，新增"第五节　有毒环境"和"第六节　粉尘环境"。

（4）第七章删除第三节中的"故障树分析"相关内容，代之以新编写的"检查表评价法"。

（5）结合第一版出版以来颁布的相关法律法规标准、生产经营单位安全工作实际及最新科技进展，对第一版中的其他不适宜之处进行了修改。

本书第二版由天津职业大学刘景良修订编写。编写过程中参考了有关文献（见书后参考文献），在此向作者表示衷心感谢。

由于编者水平有限，书中不妥之处在所难免，敬请读者批评指正。

编　者
2018 年 3 月

第一版前言

本书按照高职高专教学特点与需要进行编写，对安全人机工程中涉及的基本理论做了系统而简明的介绍，对安全人机工程实用知识进行了较为详细的阐述。

本书主要内容包括安全人机工程学概述、安全人机系统中人的特性、安全人机系统中人的作业特性、安全人机系统中的作业环境、安全人机系统中人的作业岗位与空间设计、安全人机系统中信息界面设计、安全人机系统的设计与分析评价等内容。为便于读者学习，加深对本书内容的理解、掌握及应用，在每章开始列出了学习目标，在每章后提供了习题及思考题。

本书适用于高职高专院校安全类专业以及其他相关专业的学生作为教材使用，也可供政府安全生产主管部门、安全中介机构以及企事业单位从事安全技术管理的人员作为培训教材或参考书使用。

本书共分七章，天津职业大学刘景良编写第一、三、六章，山西工程职业技术学院杨立全编写第二、七章，天津职业大学朱虹编写第四、五章，全书由刘景良统稿。

本书编写过程中参考和引用了许多国内外专家、学者的研究成果和宝贵资料（详见本书的参考文献），本书编者在此表示最诚挚的谢意！

由于本书所涉及的知识面广泛，加之编者水平有限，书中不妥之处在所难免，敬请读者批评指正。

编　者
2009 年 1 月

FOREWORD **目 录**

第一章	概述	1

学习目标 ……………………………………………………………… 1
第一节　安全人机工程学的形成与发展 ……………………………… 1
　　一、人机工程学的定义 ……………………………………………… 1
　　二、安全人机工程学的内涵 ………………………………………… 2
第二节　安全人机工程学的研究内容与研究方法 …………………… 2
　　一、安全人机工程学的研究内容 …………………………………… 2
　　二、安全人机工程学的研究方法 …………………………………… 3
第三节　人机关系与人机系统概述 …………………………………… 3
　　一、人机关系 ………………………………………………………… 3
　　二、人机系统 ………………………………………………………… 4
　　三、人机功能分配 …………………………………………………… 6
第四节　人-机-环境系统的事故致因分析 …………………………… 7
　　一、基于和谐系统的安全分析 ……………………………………… 7
　　二、人-机-环境系统的事故致因分析 ……………………………… 7
习题及思考题 ………………………………………………………… 8

第二章	安全人机系统中人的特性	9

学习目标 ……………………………………………………………… 9
第一节　人体形态测量 ………………………………………………… 9
　　一、人体测量的基本知识 …………………………………………… 9
　　二、人体生理学参数及测量 ………………………………………… 11
　　三、人体测量数据及应用 …………………………………………… 13
第二节　人的生理特征及反应时间 …………………………………… 18
　　一、人的生理特征 …………………………………………………… 18
　　二、人的反应时间 …………………………………………………… 23
第三节　人的心理特性 ………………………………………………… 25
　　一、人的心理 ………………………………………………………… 25

　　二、 心理特性与安全 ··· 25

　习题及思考题 ··· 31

第三章　安全人机系统中人的作业特性 　32

　学习目标 ··· 32

　第一节　作业过程中人体的能量代谢 ··· 33

　　一、 能量代谢 ··· 33

　　二、 作业时的氧消耗 ·· 34

　第二节　作业疲劳及其预防 ·· 36

　　一、 疲劳及其产生机理 ··· 36

　　二、 疲劳的主要特征 ·· 36

　　三、 疲劳的分类 ··· 37

　　四、 引起疲劳的原因 ·· 38

　　五、 预防疲劳的措施 ·· 38

　第三节　职业适应性 ·· 40

　　一、 职业适应性概述 ·· 40

　　二、 岗位分析 ··· 40

　　三、 职业适应性测评 ·· 41

　习题及思考题 ··· 42

第四章　安全人机系统中的作业环境 　43

　学习目标 ··· 43

　第一节　微气候 ·· 44

　　一、 微气候因素 ··· 44

　　二、 微气候环境对人体及工作的影响 ·· 45

　　三、 微气候环境的主观感觉及评价 ··· 47

　　四、 改善微气候环境的措施 ·· 51

　第二节　环境照明 ··· 53

　　一、 光的物理度量 ·· 54

　　二、 环境照明对人体及工作的影响 ··· 54

　　三、 作业场所的环境照明 ··· 56

　　四、 作业场所的环境照明设计 ··· 59

　第三节　色彩调节 ··· 63

　　一、 色彩的基本特性 ·· 63

　　二、 色彩对人体及工作的影响 ··· 63

　　三、 色彩调节及应用 ·· 65

　第四节　噪声环境 ··· 67

　　一、 噪声对人体及工作的影响 ··· 67

　　二、 噪声标准 ··· 69

　　三、 控制噪声的措施 ·· 69

　第五节　有毒环境 ··· 72

　　一、 环境条件和作业强度对职业性接触毒物毒性的影响 ················· 72

　　二、　有毒环境对人体健康的影响 ························· 73

　　三、　控制有毒环境危害的措施 ························· 74

第六节　粉尘环境 ························· 77

　　一、　粉尘环境对人体的影响 ························· 77

　　二、　控制粉尘环境危害的措施 ························· 78

习题及思考题 ························· 79

第五章　安全人机系统中人的作业岗位与空间设计　　80

学习目标 ························· 80

第一节　作业岗位 ························· 80

　　一、　作业岗位的分类 ························· 80

　　二、　典型作业岗位 ························· 81

　　三、　作业岗位设计要求和原则 ························· 82

第二节　作业空间分析 ························· 83

　　一、　作业空间类型 ························· 83

　　二、　作业空间设计总则 ························· 83

　　三、　典型作业岗位的空间设计 ························· 84

　　四、　安全作业空间的设计 ························· 91

习题及思考题 ························· 93

第六章　安全人机系统中信息界面设计　　94

学习目标 ························· 94

第一节　人机界面及其机具系统 ························· 94

　　一、　人机界面简述 ························· 94

　　二、　人机界面的机具系统及其主要内容简述 ························· 95

第二节　显示器设计 ························· 95

　　一、　显示器的类型与特点 ························· 95

　　二、　视觉显示器的功能 ························· 98

　　三、　显示器的选择 ························· 98

　　四、　显示器设计 ························· 99

第三节　操纵控制器设计 ························· 109

　　一、　操纵控制器的类型及选择 ························· 109

　　二、　控制系统的影响因素 ························· 111

　　三、　操纵控制器的设计 ························· 115

习题及思考题 ························· 121

第七章　安全人机系统的设计与评价　　122

学习目标 ························· 122

第一节　人机系统的设计 ························· 122

　　一、　人机系统设计的重要性 ························· 122

　　二、　人机系统设计的评价分析 ························· 123

第二节　人机系统的可靠性与维修性 ························· 126

一、可靠性定义及其度量指标 ………………………………………………… 127

二、人机系统可靠度及系统效能可靠度 ………………………………… 130

三、人的可靠性及机械的可靠性 ………………………………………… 131

四、维修性设计 ……………………………………………………………… 137

第三节　人机系统的安全性分析 ………………………………………… 139

一、人机系统的安全评价分析 …………………………………………… 139

二、设计错误和操作错误分析 …………………………………………… 143

习题及思考题 …………………………………………………………………… 148

参考文献 ▶　150

第一章

概 述

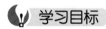

学习目标 ....

1. 掌握人机工程学的定义。
2. 熟悉安全人机工程学的研究内容，了解安全人机工程学的研究方法。
3. 了解人机关系及人机系统的基本知识。
4. 熟悉实现人机关系最佳匹配的途径，掌握人机功能分配的一般原则。
5. 能够进行人机系统事故致因分析。

第一节 安全人机工程学的 形成与发展

一、人机工程学的定义

人机工程学是一门新兴的综合性的边缘学科，它起源于欧洲，形成于美国。

人机工程学学科在美国称作"Human Engineering"，西欧多称其为"Ergonomics"，即我国常见的"工效学""人类工效学""人机工程学""人机学"等，其中"人机工程学"和"工效学"两词在我国已被广泛接受。本教材采用人机工程学这一名称。

关于人机工程学的定义：国际人机工程学会（International Ergonomics Association，简称 IEA）认为人机工程学是研究人在某种工作环境中的解剖学、生理学和心理学等方面的因素，研究人和机器及环境的相互作用，研究在工作、生活和休假时怎样统一考虑工作效率、健康、安全和舒适等问题的学科。《中国企业管理百科全书》中对人机工程学所下的定义为人机工程学是研究人和机器、环境的相互作用及其合理结合，使设计的机器和环境系统适合人的生理、心理特点，达到在生产中提高效率、安全、健康和舒适的目的。简而言之，人机工程学的研究对象是人、机、环境的相互关系，研究的目的是如何达到安全、健康、舒适和工作效率的最优化。

在现代工业生产和生活中，所有机器都是由人设计和制造的，用来满足人类的某种需要，而机器又是由人类操纵、调整、检查、使用和维修的，因此，在生产和生活中人与机器就紧紧地联系在一起，构成一个不可分割的整体。即在现代社会中，人离不开机器的服务，机器更离不开人的管理。人机系统是指人与机器构成的系统，其中"机"可以是人之外的万物。在人机系统中，人与机之间总是相互作用、相互配合，又相互制约，不过，人在其中始终起主导作用。任何系统都离不开所在的工作环境，所以通常所说的人机系统实际上是指由人、机器和环境所组成的人-机-环境系统。

二、安全人机工程学的内涵

安全人机工程学作为人机工程学的一个分支，是运用人机工程学的原理及工程技术理论来研究和揭示人机系统中的安全问题，立足于对人在作业过程中的保护，确保安全生产和生活的一门学科。

安全人机工程学以系统论、控制论和信息论为理论基础，从人的生理、心理、生物力学等方面去研究在发挥机器、设备高效率的同时，如何使其与人达到和谐匹配，确保人的安全和健康的问题。

随着科学技术的飞速发展，工业生产设备的自动化、复杂化程度越来越高，作业过程中的危险、有害因素也越来越多，对本质安全化的追求促进了安全人机工程学发展。

第二节 安全人机工程学的研究内容与研究方法

一、安全人机工程学的研究内容

1. 人的安全特性的研究

人的安全特性的研究主要包括人的工作能力、人的基本素质测试与评价、人的生理和心理特性、人体生物力学、人的失误（即人的操作可靠性）等研究内容。

2. 机的安全特性的研究

机器、设备、工具等一般都是由动力、传动、工作和操纵等子系统组成，所以对机器的安全性研究主要从机器特性、动力学模型、防错设计、安全防护设计以及维修性设计等方面进行研究。

3. 人机关系的研究

人机关系的研究主要从静态人机安全关系、动态人机安全关系、多媒体技术以及人机系统可靠性等方面研究。静态研究，主要有作业区域的合理布局和设计、作业方法及作业负荷的研究；动态研究，有人机功能的合理分配、人机界面的安全设计、人工智能研究；多媒体技术，主要研究对机器安全运转的监测监控；人机系统可靠性等方面研究，主要是分析人机系统的可靠性，建立人机系统可靠性设计原则，据此设计出经济、合理以及可靠性高的人机系统。

除上述三个方面的研究内容，近年来对工作环境的研究如各种环境下的生理效应、一般工作与生活环境中的振动、噪声、空气质量、照明等因素的人机工程学的研究，以及人-机-环境系统中心理学的研究等也进入了安全人机工程的研究者的研究领域。

二、安全人机工程学的研究方法

安全人机工程学的研究方法主要分为以下几种。

1. 实测法

这是借助于器具、设备进行实测和监控的方法。如通过对人体的几何特征测量，可用于操纵设备的优化设计；通过对人的体能极限的测量，可合理地布置工作量和确定合理的工作时间等。

2. 实验法

当实测法受限时，可采用实验模拟法。如环境对人的影响、机械设备的应力实验等可采用实验模拟。近几年研究较多的虚拟现实（Virtual Reality）技术也可用于对人机系统的安全模拟研究。

3. 分析法

分析法是在实测法和实验法的基础上对人机系统的安全性进行定性和定量分析。定性分析就是分析人机系统的危险、有害因素，判断系统的状态；定量分析是通过数学模型分析计算，给出系统的安全程度，与可接受的安全水平相比较，查找未到达安全水平的危险、有害因素及其危害的数量值，以便采取措施加以调整。

第三节　人机关系与人机系统概述

一、人机关系

（一）人机关系

所谓人机关系，是指人在作业过程中与作业工具和作业对象所发生的联系。

影响人机关系的因素是多方面的，以手动为主的作业形式，其人机关系要求工具得心应手，操作者有一定的体力和较高的技能，以达到机宜人和人适机；而对于机械化作业，要求人机共动，密切协调，对机宜人和人适机的要求更苛刻。

从手工作业到自动化生产，人机关系大致有如下变化：

① 人的体力消耗减轻，心理负担加重；

② 人将远离机器，管理方式多为间接管理；

③ 信息时空的密集化，要求人的作业速度更快、作业准确性更高；

④ 系统越来越复杂，对人的要求越来越高，小的失误能造成严重的后果。

（二）人是人机关系中的主体

人类社会发展进程中，不断创造出各种各样的工具或机器来代替人的作业。但是，不管机器如何代替人的体力作业，计算机如何代替人的部分脑力作业，任何机器的设计、制造、使用、控制、维修和管理最终还是要靠人。实践证明，无论机器本身的效率多高，如果不能适应人的生理和心理特性，也不能发挥应有的功效。在任何人机系统中，人永远发挥着主体的作用。

如何发挥人的最大功能和挖掘人的最大潜力以及获得最高的生产效率，是人机工程的主要目标之一。在安全人机系统中，人的安全永远是第一位的。

（三）人机关系的最佳匹配

1. 机宜人

供人使用的机械，应尽量满足人的生理、心理特征，符合人的审美观和价值观，尤其要满足人的安全需要，让人能最大限度地发挥机械的功能。机械的发展日新月异，而人的生理特性变化不大，因此设计机械时，必须明确操作机械的是人，人是人机关系的主体，而不是机械的奴隶，以便使设计更趋人性化，从而提高机械设备的本质安全化程度。

2. 人适机

机械的功能、结构不可能完全适宜人的所有特性，如某些飞机驾驶舱的空间设计就不适宜高大体型的人；流水线上的单调操作，不适宜性格外向的人；复杂机械的操作不适宜文化水平低的人等。为了安全和高效的作业，就必须对人进行人适机的选拔和培养。

3. 人机关系的最佳匹配

机宜人和人适机都是受一定条件限制的，为做到人机关系的最佳匹配，应从以下几方面着手：

① 研究系统以及各种机器、设备、工具、设施等的设计所应遵循的工效学原则与标准；

② 研究人和机器的合理分工及相互适应的问题；

③ 研究人与被控对象之间的信息交换过程；

④ 根据人的身心特征，提出对机器、技术、作业环境、作业时间的要求。

二、人机系统

由人和机两部分要素按一定的关系组合而成的集合体称为人机系统。

在人机系统中，人和机的关系总是相互作用、相互配合与相互制约和发展的，但起主导作用的始终是人。

各种人机系统，从最简单的人和工具的结合，到人和机器的复杂结合，虽然形式有所差别，但都存在信息传递、信息处理、控制和反馈等基本结构。根据系统中人和机器所处的地位、作用和出发点不同，人机系统的类型也不同，现分述如下。

（一）按有无反馈控制作用分类

1. 闭环人机系统

闭环人机系统就是反馈控制人机系统。它有一个封闭的回路结构，如图1-1所示。

闭环人机系统其主要特征是：系统的输出对控制作用有直接的影响，即系统过去行动的结果回过来控制未来的行动。

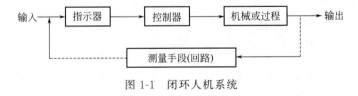

图1-1 闭环人机系统

2. 开环人机系统

如图1-2所示为开环人机系统。它的特征是系统的输出对控制作用没有影响。虽然它也能提供反馈信息，但此信息无法用于进一步的控制操作。

图1-2 开环人机系统

（二）按人机系统自动化程度分类

1. 人工操作系统

如图 1-3 所示为人工操作系统。在该系统中，人提供系统所需的动力，控制着整个生产过程。而人所使用的工具或辅助器械，都不具备动力的作用，而只是增加人的力量的效果。

2. 半自动化系统

如图 1-4 所示为半自动化系统。在该系统中，人是生产过程的控制者，操作着动力设备，也可能为系统提供少量的动力，并对系统作某些调整。人在生产过程中感知信息、处理信息，然后借助于手柄、按钮等控制器来控制生产过程。在闭环的半自动化系统中，反馈信息经过人处理，又成为作进一步操作的依据。根据我国目前生产力发展的水平，半自动化人机系统是采用较多的一种类型。

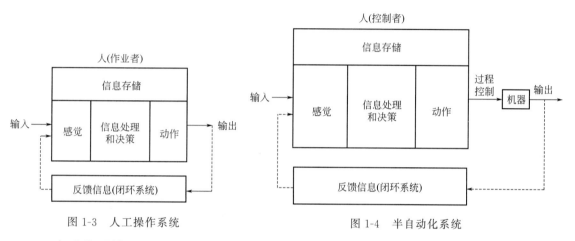

图 1-3　人工操作系统　　　　　　　　　图 1-4　半自动化系统

3. 自动化系统

如图 1-5 所示为自动化系统。在此系统中，机器完全代替了人的体力劳动，生产过程的信息接受、存储、处理和执行等工作全部由机器来完成，人只是通过显示装置来监控生产过程。为了系统的安全，一般要求系统安装能预报和应急处置意外事件的装置。

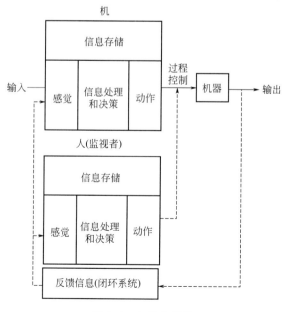

图 1-5　自动化系统

以上三种类型，都存在于生产过程中，人工操作系统偏重于解决操作人员作业方面的问题，自动化和半自动化系统偏重于解决机器的问题。

三、人机功能分配

（一）人与机器功能特性的比较

人与机器各有自身的特点，人机系统是一个有机整体。两者功能特性的比较见表1-1。

表1-1　人与机器功能特性比较

比较内容	人 的 特 性	机 器 的 特 性
创造性	具有创造能力,能够对各种问题具有全新的、不同的见解,具有发现特殊原理或关键措施的能力	完全没有创造性
信息处理	有智慧、思维、创造、辨别、归纳、演绎、综合、分析、记忆、联想、决断、抽象思维等能力	对信息有存储和迅速提取能力,能长期存储,也能一次废除;有数据处理、快速运算和部分逻辑思维能力
可靠性	可靠性和自动结合能力远大于机器,但工作过程中,人的技术高低、生理和心理状况等对可靠性都有影响	经可靠性设计后,可靠性高,且质量保持不变;但本身的检查和维修能力非常差,不能处理意外的紧急事态
控制能力	可进行各种控制,且在自由度调节和联系能力方面优于机器;同时,与动力设备和效应运动完全合为一体	操纵力、速度、精密度操作等方面都超过人的能力,必须外加动力源
工作效能	可依次完成多种功能作业,但不能进行高阶运算,不能同时完成多种操作和在恶劣环境条件下工作	能在恶劣条件下工作,可进行高阶运算和同时完成多种操纵控制;单调、重复的工作也不降低效率
感受能力	能识别物体的大小、形状、位置和颜色等特征,并对不同音色和某些化学物质也有一定的分辨能力	在接受超声、辐射、微波、电磁波、磁场等信号方面超过人的感受能力
学习能力	具有很强的学习能力,能阅读也能接受口头指令,灵活性强	无学习能力
归纳性	能够从特定的情况推出一般的结论,具有归纳思维能力	只能理解特定的事物
耐久性	容易产生疲劳,不能长时间地连续工作	耐久性高,能长时间连续工作,并超过人的能力

（二）人机功能分配

1. 人机功能分配的影响因素

人机功能的分配，应全面考虑以下因素：

① 人和机器的性能特点、负荷能力、潜在能力及各种限度；

② 人适应机器所需的选拔条件、培训时间和体力限度；

③ 人的个体差异和群体差异；

④ 人和机器对突发事件的反应能力差异；

⑤ 机器代替人的效果，可行性、可靠性、经济性的比较。

2. 人机功能分配的一般原则

（1）由机器承担的功能　下列情况，其功能应由机器承担：

① 重复性的操作、计算，大量的情报资料存储时；

② 迅速施加很大的物理力时；

③ 大量的数据处理时；

④ 根据某一特定范围多次重复作出判断时；

⑤ 由于环境制约，对人有危险或易犯错误的作业时；

⑥ 需要调整操作速度作业时；

⑦ 对操作设备要求精确地施加力的作用时；

⑧ 需要长时间地施加力时。

（2）由人承担的功能　下列情况的功能宜分配给人承担：

① 由于各种干扰，需要判断信息时；

② 在图形变化情况下，要求判断图形时；

③ 要求判断多种输入信息时；

④ 对发生频率非常低的事态进行判断时；

⑤ 处理需要归纳推理的问题时；

⑥ 预测意外事件的发生时。

第四节　人-机-环境系统的事故致因分析

保障人-机-环境系统安全是安全人机工程学的主要任务。对人-机-环境系统安全的条件以及系统可能造成的安全事故进行致因分析，有利于为人机系统的安全设计提供思路和框架解决方案。

一、基于和谐系统的安全分析

安全的人-机-环境系统一定是人、机、环境三个要素相互协调的和谐系统。一旦这种"和谐"被打破，就意味着事故隐患的产生，事故的发生就存在着必然性，就可能出现人的伤害、设备损坏或者环境的破坏。

导致系统"和谐"被打破的原因包括以下几个方面：

1. 人与机两个要素不和谐

如操纵机器的人的能力不满足机器的需要，导致出现错误的操作而出现事故；对机器进行维护、保障的人员的能力不满足机器的需要，导致机器处于危险状态而出现事故。

2. 机与环境两个要素不和谐

如机器设计的使用环境与实际使用环境不一致，使机器出现故障或劣化速率加快而出现故障甚至不能正常运转，导致机器处于危险状态而出现事故。

3. 人与环境两个要素不和谐

如恶劣的环境使操纵机器的人操作失误率增大，使得出现事故的概率增大。

4. 人、机与环境三个要素均不协调

若人、机与环境三个要素均不协调，1、2、3所述情况均会出现，系统的危险性则大大的增加。

二、人-机-环境系统的事故致因分析

依据安全人机工程学理论，可将导致事故的基本原因归纳为人的原因、物的原因、环境条件的原因。而安全管理失误、事故发生机理也是事故发生的关键因素。由此得出的事故致因逻辑关系，如图1-6所示。

从事故致因逻辑关系可知，事故原因包括人、物、环境、管理四个方面，而事故发生机理则是触发因素。基于寻求预防事故之对策，一般将上述四个方面的原因分为导致事故的直

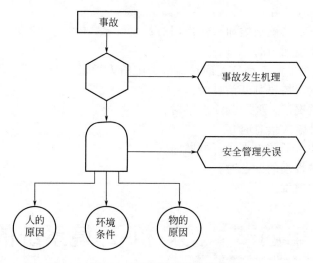

图 1-6　事故致因逻辑关系

接原因、间接原因和基础原因。若将环境条件归入物的原因，则人的不安全行为和物的危险状态是导致人机系统中事故的直接原因；安全管理失误是导致人机系统中事故的间接原因，而基础原因一般是指导致人的不安全行为和物的危险状态的诸多因素。

习题及思考题

1. 人机工程学的研究对象和研究目的是什么？

2. 安全人机工程学的研究内容有哪些？

3. 人机系统的类型有哪些？

4. 如何实现人机关系的最佳匹配？

5. 人机功能分配的一般原则有哪些？

6. 应用人-机-环境系统事故致因分析的结果，如何提升系统的安全性？

第二章

安全人机系统中人的特性

▷▷▷

学习目标

1. 了解人体形态测量的基本知识和一些常见的人体生理学参数。
2. 能够运用人体测量数据进行一般的安全工程设计。
3. 了解人体神经系统，掌握感觉、知觉系统及特征。
4. 掌握人的各种心理活动与安全的关系。
5. 具备根据人的反应时间特点，处理紧急安全事故的能力。
6. 具有根据人的生理、心理特征进行安全管理的能力。

第一节 人体形态测量

一、人体测量的基本知识

人体测量是一门新兴的学科，它是通过测量人体各部位尺寸来确定个体和群体之间在人体尺寸上的差别，用以研究人的形态特征，从而为各种安全设计、工业设计和工程设计提供人体测量数据。例如，各种操作装置都应设在人的肢体活动所能及的范围之内，其高度必须与人体相应部位的高度相适应，而且其布置应尽可能设在人操作方便、反应最灵活的范围之内，其目的就是提高设计对象的宜人性，让使用者能够安全、健康、舒适地工作，从而减少人体的疲劳和作业时的误操作，提高整个人机系统的安全性和效能。

1. 工业安全设计与人体尺度

为了使各种与人体尺度有关的设计对象能符合人的生理特点，让人在使用时处于舒适状态和适宜的环境之中，就必须在设计中充分考虑人体的各种尺度，要求设计者能了解一些人体测量学方面的基本知识，并能熟悉有关设计所必需的人体测量基本数据和使用条件。人机工程学范围内的人体形态测量数据主要有两类：人体构造上的尺寸是指静态尺寸；人体功能上的尺寸是指人在活动过程中的尺寸。包括人在工作姿势下或在某种操作活动状态下的测量尺寸。各种机械、设备、设施和工具等设计对象在适合于人的使用方面，首先涉及的问题是如何适合于人的形态和功能范围的限度。否则，就很可能造成操作上的困难和不能充分发挥人机系统效率，甚至造成安全事故。

2. 人体测量的基本术语

GB/T 5703—2010《用于技术设计的人体测量基础项目》规定了人机工程学使用的中国成年人和青少年的人体测量术语、测量项目、测点、测量方法及其测量仪器。

（1）被测者姿势

① 立姿　指被测者身体挺直，头部以眼耳平面定位，眼睛平视前方，肩部放松，上肢自然下垂，手伸直，掌心向内，手指轻贴大腿侧面，左、右足后跟并拢，前端分开大致呈45°夹角，体重均匀分布于两足。

② 坐姿　指被测者躯干挺直，头部以眼耳平面定位，眼睛平视前方，屈膝大致成直角，足平放在地面上。

（2）测量基准面　人体测量基准面是由三个互为垂直的轴（垂直轴、纵轴和横轴）来决定的。人体测量中确定的轴线和基准面如图2-1所示。

① 矢状面　通过垂直轴和纵轴的平面及与其平行的所有平面都称为矢状面。

② 正中矢状面　在矢状面中，把通过人体正中线的矢状面称为正中矢状面，正中矢状面将人体分成左、右对称的两部分。

③ 冠状面　通过垂直轴和横轴的平面及与其平行的所有平面都称为冠状面。冠状面将人体分成前、后两部分。

④ 水平面　与矢状面及冠状面同时垂直的所有平面称为水平面。水平面将人体分成上、下两部分。

⑤ 眼耳平面　通过左、右耳屏点及左右眼眶下点的水平面称为眼耳平面。

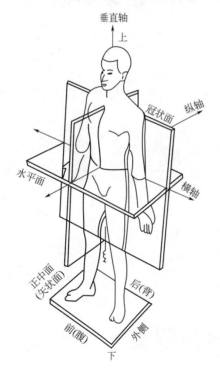

图 2-1　人体测量基准面和基准轴

（3）测量方向

① 在人体上、下方向上，上方称为头侧端，下方称为足侧端。

② 在人体左、右方向上，将靠近正中矢状面的方向称为内侧，将远离正中矢状面的方向称为外侧。

③ 在四肢上，将靠近四肢附着部位称为近位，将远离四肢附着部位称为远位。

④ 对于上肢，将桡骨侧称为桡侧，将尺骨侧称为尺侧。

⑤ 对于下肢，将胫骨侧称为胫侧，将腓骨侧称为腓侧。

（4）支承面和着装　立姿时站立的地面或平台以及坐姿时的椅平面应是水平、稳固的，且不可压缩。要求被测量者裸体或穿着尽量少的内衣（例如只穿内裤和汗背心）测量，在后者情况下，在测量胸围时，男性应撩起汗背心、女性应松开胸罩后进行测量。

（5）测量项目和测量方法　GB/T 5703—2010《用于技术设计的人体测量基础项目》规定了有关中国人人体测量参数的测量项目，其中包括：立姿 12 项、坐姿 17 项、特定部位（主要包括头部、手部和足部）14 项。此外，GB/T 5703—2010 对上述测量项目的测量方法和各个测量项目所使用的测量仪器作了详细的说明，对测量项目中涉及的测点进行了定义，这些方法适用于成年人和青少年的人体参数测量。具体测量时可参阅该标准的有关内容。实际测量时，必须按照该标准规定的测量方法及测点定义进行测量，其测量结果方为有效。

二、人体生理学参数及测量

1. 人的生理学参数及测量

人在活动时，会产生一系列的生理变化；承受的负荷量不同，生理上的变化就不同，从而导致心率、耗氧量、肌电图、脑电图等一系列生理指标的数值发生改变。通过测定人的有关生理学参数，即可以科学地推断人从事某种活动或操作所承受的生理负荷，又可据此合理安排劳动定额、劳动节奏，从而提高工效和操作安全性。

（1）最大心率（HR_{max}）　单位时间内心室跳动的次数称为心率（Heart Rate，缩写为 HR）。在安静时，正常男子、女子的心率约为 75 次/min，但在工作中却不一致。青年人中，当以 50% 的最大摄氧量工作时，男子心率一般比女子低，分别约为 130 次/min 和 140 次/min。当人达到最大负荷时心脏每分钟的跳动次数称为最大心率（HR_{max}）。最大心率几乎无性别差异，但两者都随着年龄的增加而下降。

（2）搏出量与最大心脏输出　心脏每次搏动从左心室注入主动脉的血液量，称为搏出量。而单位时间内（每分钟）从左心室射出的血液量 Q，叫做心脏输出量。由于最大摄氧量与最大心脏输出量具有内在联系，因此，可利用最大耗氧量求算最大心脏输出量。

（3）肌电图　骨骼肌收缩时要消耗一定数量的氧气，因此，若要测量全身肌肉收缩所消耗的能量，可通过测量耗氧量，然后就能计算出全身肌肉收缩所消耗的能量，但要想知道局部肌肉的负荷大小和收缩强度时，肌电图测试是一种最有效的方法。

在人机工程学中，通常是根据肌电图的电压幅值和收缩频率来进行评价。据研究，肌肉的放电频率一般为 5～10 次/s，有时可达 50 次/s。放电频率的高低主要决定于运动单位兴奋活动的强弱。例如肌肉从轻微收缩增加到最大收缩时，放电频率可从 5 次/s 增加到 50 次/s。另外，参加收缩的肌纤维越多动作电位就越高，也就是说，动作电位振幅（mV）的大小反映了参加收缩的肌纤维数量的多少。因此，通过肌电图测量肌电位，可以测定肌肉收缩的强度。

肌电图在安全人机工程学上的应用主要是作业设计、作业姿势、机械和工具设计的人性化、合理化和最优化研究。在工业座椅、家用沙发和床等尺度的研究中，肌电图是一个实用的评价指标。一个具有良好人机工程学设计的工业座椅能有效地减少人体不必要的能量消耗，提高工作效率；一个舒适的坐姿或者卧姿可使全身肌肉放松，这种放松程度，可通过测量肌电图来评价。

（4）呼吸量的测定　人体的活动与正常平静状态相比，其机体新陈代谢率增高，氧气的消耗量与二氧化碳的呼出量也都随着活动量的增大而增多，于是呼吸频率由每分钟 12～18 次增加到每分钟 40～50 次，呼出量也由平静时的 500mL 上升到 2000mL 以上，其通气量由平静时的 6～8L 上升到 100L 以上，增加近 20 倍。

（5）脉搏数的测定　主要是测定与疲劳程度有关的刚结束作业时的脉搏数、脉搏积（脉搏积＝脉搏数×最高最低血压差÷100）及回复到安静时脉搏数所用的时间。

（6）发汗的测定　通常把汗腺分泌汗液的活动叫做发汗。发汗是一种机体散热维持恒定体温的有效途径，发汗量是在高温环境下进行劳动或重体力劳动下机体丧失水分程度的标志。人在安静状态下，当环境温度达到（28±1）℃时便开始发汗。如果空气湿度高且穿衣较多时，气温达到25℃时即可引起发汗。而当人们进行劳动或运动时，气温虽然在20℃以下，也会发汗甚至发出较多的汗。劳动或运动强度越大，发汗量增加越显著。劳动时如果发出大量汗水可造成脱水，因此对发汗量及汗液化学成分等应进行测定，并采取相应的劳动保护措施。为防止高温中暑，还应及时补充水分，以防脱水而诱发疾病。

（7）血液成分变化的测定　一般采用生物化学的测定方法，测量内容主要是与疲劳有关系的pH值、血糖量、血红蛋白量、乳酸含量等。

（8）脑电图　脑电图（Electroencephalogram，EEG）也是人体生物体电现象之一。人无论是处于睡眠还是觉醒状态，都有来自大脑皮层的动作电位（脑电波）。人脑生物电现象是自发和有节律性的。在头部表皮上通过电极和高感度的低频放大器可测得这种生物电现象。利用脑电波的频率和幅值可评价人大脑的觉醒状态。日本学者桥本从大脑生理学角度把大脑意识状态划分为五个阶段，并建立了人为错误发生的潜在危险性与EEG的联系。

阶段0：无意识，无反应能力（失去知觉，睡眠）。主要脑电波是δ波（0.5～3.5Hz）。

阶段Ⅰ：过度疲劳、单调作业、饮酒等引起知觉能力的下降，主要脑电波为θ波（4～7Hz）。

阶段Ⅱ：习惯上的作业，不需考虑，无预测能力和创造力。主要脑电波为α波（8～13Hz）。

阶段Ⅲ：大脑清醒，注意力集中，富有主动性。主要脑电波为β波（14～25Hz）。

阶段Ⅳ：过度紧张和兴奋，注意力集中一点，一旦有紧张情况大脑将马上进入活动停止状态，成为旧皮层优势状态。脑电波状态是β波和更快频率的脑电波。

正常人安静、闭眼时出现α波（8～13Hz）；睁眼并且注意力集中时α波减少β波（14～25Hz）增多。以前25Hz以上脑电波叫γ波，现在几乎不用γ波。α波和α波以上频率的波统称为快波。人在打盹或睡眠中出现θ波（4～7Hz）和δ波（0.5～3.5Hz）。θ波和比θ波频率低的波统称为慢波。成人如果在觉醒时出现慢波则可诊断为大脑异常。

2. 百分位数和适应度

人体测量数据可大致上视为服从正态分布。实际中，即使经过人机工程学的严格设计的任何一个机械或产品都不可能适应所有的人使用。工程上常以正态分布的某个百分位a处的人体尺寸数值x_a作为设计用人体尺度的一个界线值，以控制设计的适应范围，该界线值称为百分位数。正态分布曲线上，从$-\infty$（或$+\infty$）～a，或两个百分位a_1～a_2之间的区域，称为适应度。适应度反映了设计所能适应的身材的分布范围。

一个百分位数将群体或样本的全部测量值分为两部分，有$a\%$的测量值等于和小于它，有$(100-a)\%$的测量值大于它。例如在设计中最常用的是x_5、x_{50}、x_{95}三种百分位数。其中第5百分位数是代表"小"身材，指有5%的人群身材尺寸小于此值，而有95%的人群身材尺寸均大于此值；第50百分位数表示"中"身材，是指大于和小于此人群身材尺寸的各为50%；第95百分位数代表"大"身材，是指有95%的人群身材尺寸均小于此值，而有5%的人群身材尺寸大于此值。当已知样本均值和标准差时，百分位数可用式(2-1)计算：

$$x_a = \bar{x} + kS \tag{2-1}$$

式中　x_a——对应于百分位的百分位数；

　　　$\bar{x}$——样本均值；

S——样本标准差；

k——与 a 有关的变换系数，见表 2-1。

表 2-1　百分位与变换系数

百分位/%	变换系数 k	百分位/%	变换系数 k
0.5	−2.567	70.0	0.524
1.0	−2.326	75.0	0.674
2.5	−1.960	80.0	0.842
5.0	−1.645	85.0	1.036
10.0	1.282	90.0	1.282
15.0	−1.036	95.0	1.645
20.0	−0.842	97.5	1.960
25.0	−0.674	99.0	2.326
30.0	−0.524	99.5	2.567
50.0	0.000	—	—

三、人体测量数据及应用

（一）我国人体尺寸

我国 1989 年 7 月 1 日实施的 GB 10000—88《中国成年人人体尺寸》，适用于工业产品、建筑设计、军事工业以及工业的技术改造设备更新及劳动安全保护。标准中所列数值，代表从事工业生产的法定中国成年人（男 18～60 岁，女 18～55 岁）。

标准中共列出 47 项我国成年人人体尺寸基础数据，按男女性别分开，且分三个年龄段：18～25 岁（男、女），26～35 岁（男、女），36～60 岁（男）、36～55 岁（女）。项目的部位及相应的百分位数可查阅有关专业书。

选用 GB 10000—88 中所列的人体尺寸数据时，应注意以下要点。

（1）表列数值均为裸体测量的结果，在用于设计时，应根据各地区不同的衣着而增加余量。

（2）立姿时要求自然挺胸直立，坐姿时要求端坐。如果用于其他立、坐姿的设计（例如放松的坐姿），要增加适当的修正量。

（3）由于我国地域辽阔，不同地区间人体尺寸差异较大，因此根据征兵体检等局部人体测量资料，将全国划分为以下六个区域。

① 东北、华北区　包括黑龙江、吉林、辽宁、内蒙古、山东、北京、天津、河北。

② 西北区　包括甘肃、青海、陕西、山西、西藏、宁夏、河南、新疆。

③ 东南区　包括安徽、江苏、上海、浙江。

④ 华中区　包括湖南、湖北、江西。

⑤ 华南区　包括广东、广西、福建。

⑥ 西南区　包括贵州、四川、云南。

（二）影响人体测量数据差异的因素

人体测量数据的差异通常与下列因素有关。

1. 年龄

人体尺寸增长过程一般男性 20 岁结束，女性 18 岁结束。通常男性 15 岁、女性 13 岁手的尺寸就达到了一定值，男性 17 岁、女性 15 岁脚的大小也基本定型。成年人身高随年龄的增长而收缩一些，但体重、肩宽、腹围、臀围、胸围却随年龄的增长而增加了。在采用人体尺寸时必须判断工作位置适合哪些年龄组。在使用人体尺寸数据表时要注意不同年龄组尺寸数据的差别。

2. 性别

在男性与女性之间，人体尺寸、重量和比例关系都有明显差异。对于大多数人体尺寸，男性都比女性大些，但有四个尺寸——胸厚、臀宽、臂部及大腿周长女性比男性的大。男女即使在身高相同的情况下，身体各部分的比例也是不同的。同整个身体相比，女性的手臂和腿较短，躯干和头占的比例较大，肩较窄，骨盆较宽。皮下脂肪厚度及脂肪层在身体上的分布，男女也有明显差别。因此，以矮小男性的人体尺寸代替女性人体尺寸使用是错误的，特别是在腿的长度尺寸起重要作用的工作场所，如坐姿操作的岗位，考虑女性的人体尺寸至关重要。

3. 年代

随着人类社会的不断发展，卫生、医疗、生活水平的提高以及体育运动的大力开展，人类的成长和发育也发生了变化。据调查，欧洲居民每隔 10 年身高增加 1～1.4cm；美国城市男性青年 1973～1986 年 13 年间身高增长 2.3cm；日本男性青年 1934～1965 年 31 年间身高增长 5.2cm、体重增加 4kg、胸围增加 3.1cm；我国广州中山医学院男生 1956～1979 年 23 年间身高增长 4.38cm、女生身高增长 2.67cm。身高的变化势必带来其他形体尺寸的变化。因此在使用人体测量数据时，要考虑其测量年代，然后加以适当修正。

4. 地区与种族

不同的国家、不同的地区、不同的种族人体尺寸差异较大。即是在同一国家，不同区域也有差异。进行产品设计或工程设计时，必须考虑不同国家、不同区域的人体尺寸差异。另一方面，随着国际间、区域间各种交流活动的不断扩大，不同民族、不同地区的人使用同样装备、同样设施的情况将越来越多，因此在设计中考虑产品的多民族的通用性也将成为一个值得注意的问题。

5. 职业

不同职业的人，在身体大小及比例上也存在着差异，例如，一般体力劳动者平均身体尺寸都比脑力劳动者稍大些。在英国，工业部门的工作人员要比军队人员矮小；在我国，一般部门的工作人员要比体育运动系统的人矮小。也有一些人由于长期的职业活动改变了形体，使其某些身体特征与人们的平均值不同。对于不同职业所造成的人体尺寸差异在下述情况下必须予以注意：为特定的职业设计工具、用品和环境时；在应用从某种职业获得的人体测量数据去设计适用于另一种职业的工具、用品和环境时。另外，数据来源不同、测量方法不同、被测者是否有代表性等因素，也常常造成测量数据的差异。

（三）人体测量数据的应用

正确运用人体数据是设计合理与否的关键。否则，一旦数据被误解或使用不当，就可能导致严重的设计错误。另外，各种人体测量数据只是为设计提供了基础参数，不能代替严谨的设计分析。因此，当设计中涉及人体参数时，设计者必须熟悉测量数据的定义、适用条件、百分位的选择等方面的知识，才能正确应用有关的数据。

1. 人体测量数据的运用准则

在运用人体测量数据进行设计时，应遵循以下几个准则。

（1）最大最小准则　该准则要求根据具体设计的目的，选用最小或最大人体参数。例如：人体身高常用于通道和门的最小高度设计，为尽可能使所有人（99％以上）通过时不发生撞头事件，通道和门的最小高度设计应使用高百分位身高数据；而操纵力的设计则应按最小操纵力准则设计。

（2）可调性准则　与健康安全关系密切或减轻作业疲劳的设计应按可调性准则设计，即在使用对象群体的 5％～95％可调。例如，汽车座椅应在高度、靠背倾角、前后距离等尺度方向上可调。

（3）平均准则　虽然平均这个概念在有关人使用的产品、用具设计中不太合理，但诸如门拉手高、锤子和刀的手柄等，常用平均值进行设计更合理。同理，对于肘部平放高度设计而言，由于主要是能使手臂得到舒适的休息，故选用第50百分位数据是合理的，对于中国人而言，这个高度在14～27.9cm。

（4）使用最新人体数据准则　所有国家的人体尺度都会随着年代、社会经济的变化而不同。因此，应使用最新的人体数据进行设计。

（5）地域性准则　一个国家的人体参数与地理区域分布、民族等因素有关，设计时必须考虑实际服务的区域和民族分布等因素。

（6）功能修正与最小心理空间相结合准则　有关国家标准公布的人体数据是在裸体或穿单薄内衣的条件下的测量数据，测量时不穿鞋。而设计中所涉及的人体尺度是在穿衣服、穿鞋甚至戴帽条件下的人体尺寸。因此，考虑有关人体尺寸时，必须给衣服、鞋、帽等留出适当的余量，也就是应在人体尺寸上增加适当的着装修正量。所有这些修正量总计为功能修正量。于是，产品的最小功能尺寸可由式（2-2）确定：

$$S_{min} = S_a + \Delta_f \qquad (2-2)$$

式中　S_{min}——最小功能尺寸；

　　　S_a——第 a 百分位人体尺寸数据；

　　　Δ_f——功能修正量。

功能修正量随着产品不同而异，通常为正值，但有时也可能为负值。通常用实验方法去求得功能修正量，但也可以通过统计数据获得。对于着装和穿鞋修正量可参照表2-2中的数据确定。对姿势修正量的常用数据是：立姿时的身高、眼高减去10mm，坐姿时的坐高、眼高减44mm。考虑操作功能修正量时，应以上肢前展长为依据，而上肢前展长是后背至中指尖点的距离，因而对操作不同功能的控制器应作不同的修正。如对按钮开关可减12mm，对推滑板推钮、搬动搬钮开关则减25mm。

表 2-2　正常人着装身材尺寸和修正量值

项　目	尺寸修正量/mm	修正原因
站姿高	25～38	鞋高
坐姿高	3	裤厚
站姿眼高	36	鞋高
坐姿眼高	3	裤厚
肩宽	13	衣
胸宽	8	衣
胸厚	18	衣
腹厚	23	衣
立姿臀宽	13	衣
坐姿臀宽	13	衣
肩高	10	衣
两肘间宽	20	手臂弯曲时,肩肘部衣物压紧
肩-肘	8	
臂-手	5	
大腿厚	13	
膝宽	8	
膝高	33	
臂	5	
足宽	13～20	
足长	30～38	
足后跟	25～38	

另外，为了克服人们心理上产生的"空间压抑感""高度恐惧感"等心理感受，或者为了满足人们"求美""求奇"等心理需求，在产品最小功能尺寸上附加一项增量，称为心理修正量。考虑了心理修正量的产品功能尺寸称为最佳功能尺寸。

$$S_{opm} = S_a + \Delta_f + \Delta_p \tag{2-3}$$

式中　S_{opm}——最佳功能尺寸；

　　　S_a——第 a 百分位人体尺寸数据；

　　　Δ_f——功能修正量；

　　　Δ_p——心理修正量。

心理修正量可用实验方法求得，一般是通过被试者主观评价表的评分结果进行统计分析求得心理修正量。

[例]　车船卧铺上下铺净间距设计时，中国男子坐高第 99 百分位数为 979mm，衣裤厚度（功能）修正量取 25mm，人头顶无压迫感最小高度（心理修正量）为 115mm，则卧铺上下铺最小净间距和最佳净间距分别为：

$$S_{min} = 979 + 25 = 1004 \text{（mm）} \qquad S_{opm} = 979 + 25 + 115 = 1119 \text{（mm）}$$

（7）标准化准则。

（8）姿势与身材相关联准则　劳动姿势与身材大小要综合考虑，不能分开。如坐姿或蹲姿的宽度设计要比立姿的大。

（9）合理选择百分位和适用度准则　设计目标用途不同，选用的百分位和适用度也不同。

2. 人体身高在设计中的应用方法

为简化设计，并实现人机系统操作方便，舒适宜人，各种工作面的高度、建筑室内通道空间高度、设备及家具高度，如操纵盘、仪表盘、操纵件的安装高度以及用具的设置高度等，常根据人的身高来概算确定。以身高为基准确定工作面高度、设备和用具高度的方法，通常是把设计对象归纳成各种典型的类型，并建立设计对象的高度与人体身高的比例关系，以供设计时选择和查用。如图 2-2 所示是以身高为基准的设备和用具的尺寸概算，图中各代号的含义见表 2-3。

表 2-3　设备用具及通道高度与身高的关系

代号	定　义	设备高与身高之比
1	举手达到的高度	4/3
2	可随意取放东西的隔板高度（上限值）	7/6
3	倾斜地面的顶棚高度（最小值，地面倾斜度为 5°～15°）	8/7
4	楼梯的顶棚高度（最小值，地面倾斜度为 25°～35°）	1/1
5	遮挡住直立姿势视线的隔板高度（下限值）	33/34
6	直立姿势眼高	11/12
7	抽屉高度（上限值）	10/11
8	使用方便的搁板高度（上限值）	6/7
9	斜坡大的楼梯的天棚高度（最小值，倾斜度为 50°左右）	3/4
10	能发挥最大拉力的高度	3/5
11	人体重心高度	5/9
12	采取直立姿势时工作面的高度	6/11
12	坐高（坐姿）	6/11

续表

代号	定　义	设备高与身高之比
13	灶台高度	10/19
14	洗脸盆高度	4/9
15	办公桌高度(不包括鞋)	7/17
16	垂直踏棍爬梯的空间尺寸(最小值，倾斜 $80°\sim90°$)	2/5
17	手提物的长度(最大值)	3/8
17	使用方便的搁板高度(下限值)	3/8
18	桌下空间(高度的最小值)	1/3
19	工作椅的高度	3/13
20	轻度工作的工作椅高度	3/14
21	小憩用椅子高度	1/6
22	桌椅高差	3/17
23	休息用的椅子高度	1/6
24	椅子扶手高度	2/13
25	工作用椅子的椅面至靠背点的距离	3/20

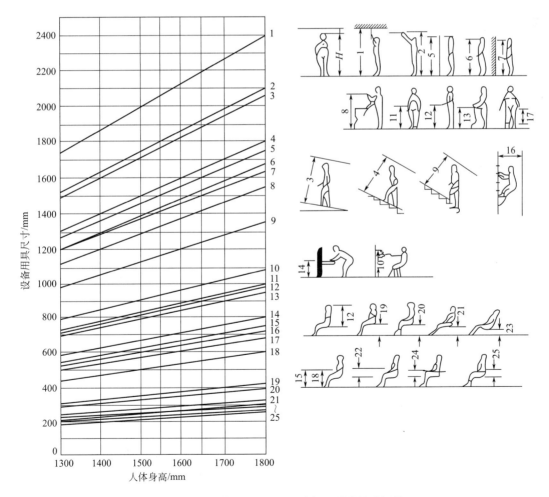

图 2-2　以身高 H 为基准的设备和用具尺寸概算

第二节 人的生理特征及反应时间

　　人们在日常生活、生产和生存活动中，在保障效率的前提下，为达到安全的目的，人和物之间具有怎样的关系及物应具有怎样的特性才能满足人的特性的要求，是安全人机工程学研究的主要内容。因此，对人的特性的研究是安全人机工程学的基本内容，也是人机系统设计的依据。

　　人体是由各种器官组成的有机整体，各种器官具有各自的功能。从形态和功能上将机体划分为运动系统、消化系统、呼吸系统、泌尿系统、生殖系统、循环系统、内分泌系统、感觉系统和神经系统共九个子系统。在人机系统中，人与机的沟通主要是通过感觉系统、神经系统和运动系统，人体的其他六个子系统，起到辅助和支持作用。机器的运行状况由显示器显示，经人的眼、耳等感觉器官感知，经过神经系统的分析、加工和处理，将结果由人的手、脚等运动器官传递给机器的控制部件，使机器在新的状态下继续工作。机器的工作状态再次被显示器显示，再由人的感觉器官感知，如此循环直至中间任何环节中断而停止。人和机器的沟通还受外界环境的影响。在人机系统中人与机器及环境相互适应，显示器、控制器的设计符合人的感觉器官、运动器官的生理特性，才能建立安全高效的人机系统。

一、人的生理特征

（一）人体的神经系统

1. 神经系统概述

　　神经系统是人体功能的主要调节机构。人能够以一个统一的整体进行各种运动和生理活动，能够与外界环境相适应主要是神经系统的调节作用。神经系统由神经元组成，脑和脊髓是神经系统的中枢部分，叫做中枢神经系统。脑和脊髓所发出的其他神经叫做周围神经系统。这些神经分布在全身所有的组织和器官。脑和脊髓通过这些神经，就可以支配人的生理活动了。

2. 神经系统对运动的调节

　　人体的每块肌肉都与中枢神经联系，这些联系是通过周围神经系统中的运动神经和感觉神经来实现的。从脑、脊髓到肌肉，运动神经传递着神经冲动，它引起肌肉收缩，并总体调节每块肌肉活动。运动神经在肌肉内分布着许多运动神经元，每个运动神经元支配一些肌肉纤维。一个运动神经元支配的肌肉纤维就组成了一个运动单位。人体完成精密活动或技能活动的肌肉，每个运动单位只包括数条肌肉纤维，而完成较重体力活动的肌肉，每个运动单位包括 1000～2000 条肌肉纤维。发出感觉神经冲动的是感受器，肌肉和肌腱内的神经元传递的神经冲动，经传入纤维传到脊髓，神经冲动经过脊髓中间神经元可直接传到肌肉内的运动神经元或经脊髓上行传导束传到大脑皮质，使人产生感觉。这样，神经冲动所携带的信息，经过中枢神经系统处理，一方面支配肌肉活动，另一方面作为脑内存储信息。

（二）人体的感知觉系统

1. 感受功能

　　（1）感受器的生理特征　　感受器只对相应的刺激产生神经冲动，例如眼睛适应的刺激是可见光波（电磁波长为 380～780nm）。感受器将接收的刺激转换成电能，即动作电位，传入中枢的动作电位包含各种信息，大脑中枢可以识别。

　　（2）感觉的传入途径

① 特异性传入系统　由感受器产生的神经冲动，进入中枢神经系统后，传到大脑皮质相应区域，引起特异感觉。

② 非特异传入系统　传入的神经冲动同时弥散投射到大脑皮质的广泛区域，不产生特异感觉，但可以维持兴奋状态，起保持机体觉醒的作用。引起大脑产生感觉的是特异传入系统和非特异传入系统互相配合作用的结果，缺一不可。只有两个系统都发挥了各自的作用，才能使大脑处于清醒状态，又具有特异感觉。

（3）大脑皮质的感觉机能　大脑皮质是神经系统感觉分析的最高部位。传入的信息在此作最后的分析与综合并产生特异感觉，如体表感觉、本体感觉、内脏感觉、视觉和听觉等。各种感觉在大脑皮质均有固定的代表区域。

2. 错觉

错觉是在特定条件下，人们对作用于感觉器官的外界事物所产生的不正确的知觉。错觉现象十分普遍，各种知觉中都可能发生。错觉种类很多，有空间错觉、运动错觉、时间错觉等。空间错觉包括大小错觉、形状错觉、方向错觉、距离错觉等。图 2-3 列举了一些常见的几何图形错觉。人的错觉有害也有益。在人-机-环境系统中，错觉有可能造成监测、判断和操作的失误，甚至可能酿成事故。但在军事行动、体育比赛和训练中以及在绘画、服装、建筑造型、工业产品造型等方面利用错觉，反而能收到很好的效果。

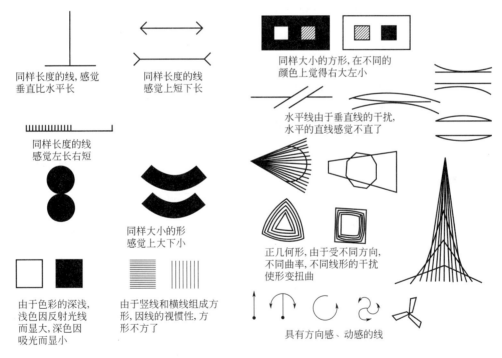

图 2-3　常见的几种视觉错误

3. 人的视觉及特性

（1）视觉刺激　视觉的适宜刺激是光，光是放射的电磁波，呈波形的放射电磁波组成广大的光谱，其波长差异极大。整个范围从最短的宇宙射线到无线电和电磁波。为人类视力所能接受的光波只占整个电磁光谱的一小部分，即不到 1/70。在正常情况下，人的两眼能感觉到的波长大约是 380～780nm。如果照射的光波波长在可见光谱上短波一端，人就知觉到紫色，如光波波长在可见光谱上长的一端，人则知觉到红色，在可见光谱两端之间的波长将产生蓝、绿、黄各色的知觉；将各种不同波长的光混合起来，可以产生各种不同颜色的知觉，将所有可见波长的光混合起来则产生白色。

（2）人的视觉功能和特征　人能够产生视觉是由三个要素决定的，即视觉对象、可见光和视觉器官。在可见光的波长范围内，小于380nm为紫外线，大于780nm为红外线，均不引起视觉。除满足波长要求外，要引起人的视觉，可见光还要具有一定的强度。在安全人机工程设计中经常涉及人的视觉功能和特征有以下方面：

① 空间辨别　视觉的基本功能是辨别外界物体。根据视觉的工作特点，可以把视觉能力分为察觉和分辨。察觉是看出对象的存在；分辨是区分对象的细节，分辨能力也叫视敏

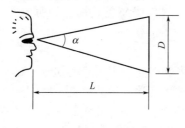

图 2-4　视角

度。两者要求不同的视觉能力。察觉不要求区分对象各部分的细节，只要求发现对象的存在。在暗背景上察觉明亮的物体主要决定于物体的亮度，而不完全决定于物体的大小。黑暗中的发光物体，只要有几个光量子射到视网膜上就可以被察觉出来。因此物体再小，只要它有足够的亮度就能被看见。因此为了察觉物体，物体与背景的亮度差别大时，刺激物的面积可以小些；刺激物的面积大时，它与背景的亮度差就可以小些，两者成反比关系。视角是确定被观察物尺寸范围的两端光线射入眼球的相交角度（图2-4），视角的大小与观察距离及被观测物体上两端点直线距离有关，可以用下面公式表示。

$$\alpha = 2\arctan\frac{D}{2L} \tag{2-4}$$

式中　α——视角，（°）；

　　　D——被观测物体上两端点直线距离，m；

　　　L——眼睛到被看物体的距离，m。

视敏度是能够辨出视野中空间距离非常小的两个物体的能力。当能将两个相距很近的物体区分开来时，两个刺激物之间有一个最小的距离，这个距离所形成的视角就是这两个刺激物的最小区分阈限，又称为临界视角，它的倒数称为视敏度。在医学上把视敏度叫做视力。

$$视力 = \frac{1}{能够分辨的最小物体的视角} \tag{2-5}$$

检查视力就是测量视觉的分辨能力。一般将视力为1.0称为标准视力。在理想的条件下，大部分人的视力要超出1.0，有的还可达到2.0。

② 视野与视距　视野是指当头部和眼球固定不动时所能看到的正前方空间范围，或称静视野，常以角度表示。眼球自由转动时能看到的空间范围称为动视野。视野通常用视野计测量，正常人在水平面内的视野，双眼视觉区大约在60°以内的范围，单眼视野界限为标准视线每侧94°～104°，人的最敏感的视力在标准视线每侧1°范围内。在垂直平面内，最大视线为标准视区以上50°和标准视线以下70°。颜色辨别界限为视觉水平线以上30°，视觉水平线以下40°。实际上人自然视线低于标准视线，在一般情况下，站立时自然视线低于水平线10°，坐着时低于水平线15°。在很松弛的状态中，站着和坐着的自然视线偏离标准线分别为30°和38°。观看展示物的最佳视线在低于标准视线30°的区域里。在同一光照条件下，用不同颜色的光测得的视野范围不同。白色视野最大，黄蓝色次之，再次为红色，绿色视野最小。这表明不同颜色的光波被不同的感光细胞所感受，而且对不同颜色敏感的感光细胞在视网膜的分布范围不同。视距是指人在操作系统中正常的观察距离。一般操作的视距范围为38～76cm，在58cm处操作最为适宜。视距太远或太近都会影响认读的速度和准确性，而且观察距离与工作的精确程度密切相关。因而应根据具体任务的要求来选择最佳的视距。

③ 对比感度　物体与背景有一定的对比度时，人眼才能看清其形状。这种对比可以用颜色（背景与物体具有不同的颜色），也可以用亮度（背景与物体在亮度上有一定的差别）。人眼刚刚能辨别到物体时，背景与物体之间的最小亮度差称为临界亮度差。临界亮度差与背景亮度之比称为临界对比。临界对比的倒数称为对比感度。其关系式如下：

$$C_p = \frac{\Delta L_p}{L_b} = \frac{L_b - L_0}{L_b} \qquad\qquad S_p = \frac{1}{C_p} \qquad\qquad (2-6)$$

式中　C_p——临界对比；

　　　ΔL_p——临界亮度差；

　　　L_b——背景亮度；

　　　L_0——物体的亮度；

　　　S_p——对比感度。

对比感度与照度、物体尺寸、视距和眼的适应情况等因素有关。在理想情况下，视力好的人，其临界对比约为0.01，也就是对比感度达到100。

④ 视觉适应　视觉适应是人眼随视觉环境中光亮的变化而感受性发生变化的过程。有暗适应和明适应两种。

a. 暗适应　人由明亮的环境转入暗环境，在暗环境中视网膜上的1.2亿个视杆细胞感受弱光的刺激，使视觉感受性逐步提高的过程称为暗适应。暗适应过程的时间较长，最初5min适应的速度很快，以后逐渐减慢。获得80%的暗适应约需25min，完全适应则需1h之久。人在暗环境中可以看到大的物体、运动物体，但不能看清物体的细节，也不能辨别颜色。

b. 明适应　人由暗环境转入明亮的环境，视杆细胞失去感光作用而视网膜上的600万～800万个视锥细胞感受强光的刺激，使视觉阈限由很低提高到正常水平，这一过程称为明适应。明适应在最初30s内进行得很快，然后渐慢，约1～2min即可完全适应。人在明亮的环境中，不仅可以辨认很小的细节而且可以辨别颜色。

事实上，一只眼睛的适应还可以影响另一只眼睛，因此，司机面对明亮的车灯可闭上一只眼睛，保持其暗适应，待车灯过后，眼睛恢复即可加快。

视觉的明暗适应特征，要求工作面的亮度均匀，避免阴影。否则，眼睛需要频繁调节，不仅增加了眼睛的疲劳，而且容易导致事故的发生。夜间驾驶汽车或飞机时，受明暗适应的影响非常明显。环境或信号的明暗差距急剧变化极易造成观察和判断的失误。工厂车间的局部照明和普通照明相差悬殊，也会造成视觉疲劳，影响工作效率和工作质量，甚至造成事故。

4. 听觉及特性

听觉是人类获得外界信息的重要途径之一，仅次于视觉而居第二位。听觉在许多方面不同于视觉。听觉是以在时间上连续为特征的，它趋于一种慢速的信息传递，没有视觉的产生那么直接。正是由于听觉具有相对的缓慢性和非直接性，因而使其更易于定性。

（1）听觉器官和听觉过程

① 听觉器官　人的听觉器官是耳。耳的组成包括外耳、中耳和内耳三部分，如图2-5所示。

a. 外耳　包括耳廓和外耳道。有保护耳孔、集声和传声的作用。

b. 中耳　包括鼓膜、鼓室以及连接鼓室与鼻咽腔的咽鼓管。鼓室内有三块听小骨——锤骨、砧骨、镫骨，它们由关节连接成一个杠杆联动系统——听骨链。锤骨的长柄与鼓膜相连，镫骨底面附着在内耳耳蜗的卵圆窗上。中耳的鼓膜和听骨链是主要的传音装置。

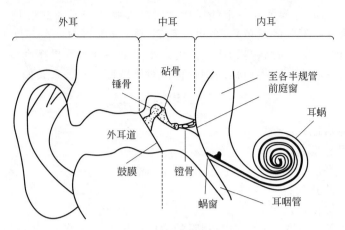

图 2-5 人耳的构造

　　c. 内耳　包括耳蜗、前庭和半规管。耳蜗是听觉感受器的所在部位，为螺旋状的骨性链，其中充满淋巴液。耳蜗内的基底膜上的科蒂氏器含有感受声波刺激的毛细胞。

　　② 听觉过程　人耳的听觉过程，在正常情况下，一般认为有以下三个阶段。

　　a. 将空气中的声波转变为机械振动，耳廓将收集到的外界声波，经外耳道传至鼓膜引起鼓膜与之发生同步振动。

　　b. 将机械振动转变为液体波动，鼓膜的振动推动中耳内起杠杆传动作用的听骨链经放大后通过卵圆窗进入内耳，引起耳蜗内淋巴液的波动。

　　c. 将液体波动转变为神经冲动，耳蜗内淋巴液的波动引起基底膜的振动，从而使科蒂氏器内所含的毛细胞受到刺激而发放神经冲动。冲动经过耳蜗听神经最后传至大脑皮质颞叶听觉中枢，产生听觉。

　　(2) 听觉特性　听觉系统可分辨声音的高低、强弱，也可以判断环境中声源的方位和远近。

　　① 分辨声音的高低、强弱　低于 16Hz 的次声波和高于 20000Hz 的超声波都不能引起人的听觉，因此，16Hz 和 20000Hz 分别为人的听觉的下阈限和上阈限。对于频率为 1000～4000Hz 的声波，人的感受性最高。声波的三个物理性质——频率、振幅、波形通过听觉系统引起人对声音的不同的主观感觉，即不同的频率给人以不同音调的感觉；不同的振幅给人以不同响度的感觉；而不同的波形则给人以不同音色的感觉。人对频率的感觉很灵敏，如频率在 500～4000Hz 时频率相差 3% 就能分辨出来，而频率小于 500Hz 和大于 4000Hz 时，频率差达到 10% 时即可分辨出来。人对由振幅大小所决定的声音强弱的分辨能力不如对频率灵敏，只有当一个声音比另一个声音的声强增加 26% 或声压增加 12% 时，才能被人分辨，而且人主观感觉的响度与声音强度的对数成正比，所以当声强增加 10 倍时，主观感觉的响度才增加 1 倍，而当声强增加 100 倍时，主观感觉的响度也才增加 2 倍。

　　② 判断声音的方位和远近　人之所以可以判断声源的方位，关键在于双耳听音。由于声源发出的声音到达两耳的距离不同、传播途中屏障条件不同，因此，传入两耳的声波强度和时间先后也不同。人们利用这种强度差和时间差即可判断声源的方位。对于高频声音主要根据声音强度差判断，而对于低频声则主要根据时间差来判断。声源方位的判断，有时是很重要的。在危险情况下，如能判断出声源的方位，往往可以避免事故的发生。判断声源的距离主要靠人的主观经验。

　　③ 听觉掩蔽　几种声强不同的声音传到人的耳朵时，只能听到最强的声音，而较弱的

声音就听不到了，一个声音被其他声音的干扰而听觉发生困难，只有提高声音的强度才能产生听觉，这种现象称为声音的掩蔽。被掩蔽声音的听阈提高的现象，称为掩蔽效应。工人在作业时由于噪声对正常作业的监视声及语言的掩蔽，不仅使听阈提高，加速入耳的疲劳，而且影响语言的清晰度，直接影响作业人员之间信息的正常交换，而且可能导致事故的发生。

5. 其他感觉及特性

（1）人的嗅觉　嗅觉感受器位于鼻腔深处，主要局限于上鼻甲、中鼻甲上部的黏膜中。嗅黏膜主要由嗅细胞和支持细胞构成。嗅觉的感受器是嗅细胞，它是从中枢神经系统分化出来的双极神经细胞。嗅觉感受器可感受气体中的化学刺激，适宜刺激几乎均是挥发性的、呈气态形式的有机化合物。当有气味的空气吸进鼻腔上部时，它能使细胞受到刺激而兴奋。因此在嗅一些不太明显的气味时，要反复用力吸气，才能产生嗅觉。嗅觉的一个明显特点是适应较快。当某种气味突然出现时，可引起明显的臭味，但如果引起这种臭味的物质继续存在，感觉很快减弱，大约过 1min 后就几乎闻不到这种气味。嗅觉的适应现象，不等于嗅觉的疲劳，因为对某种气味适应之后，对其他气味仍很敏感。影响嗅觉感受性的因素有环境条件和人的生理条件。温度有助于嗅觉感受，最适宜的温度为 37～38℃，清洁空气中嗅觉感受性高。人在伤风感冒时，由于鼻黏膜发炎，感受性显著降低。

（2）人的味觉　味觉感受器是味蕾，主要分布在舌头背面、舌头边缘和舌尖部。舌头表面覆盖一层黏膜，有许多小乳头，在乳头中包含味蕾。在口腔和咽喉部黏膜的表面，也有味蕾存在。每一味蕾由味觉感受器、致使细胞和基底细胞组成。感受器细胞顶端有纤毛，称为味毛。当舌头表面一些水溶性物质刺激味毛，可引起感受器兴奋。人能分辨出许多种味道，但这些味道是由四种基本味觉组合而成。人类能辨别的四种基本味为：甜、酸、苦、咸。舌头表面不同部位对不同味的刺激敏感度不一样。舌尖对甜味最敏感，舌根部对苦味最敏感，舌头两侧对酸味最敏感，舌两侧前部对咸味最敏感。不同物质的味道与它们的分子结构的形式有关。人或动物对苦味的敏感程度大大高于其他味道，当苦味强烈时可引起呕吐或停止进食，这是一种重要的保护防卫作用。一个味觉感受器并不只是对一种味觉起反应，而是对咸、甜、苦、酸均有反应，只是幅度不同。

（3）人的肤觉　肤觉是皮肤受到机械刺激作用后产生的一种感觉，肤觉感受器分布于全身体表。肤觉可分为触觉、温度觉和痛觉，很难将它们严格区分。触觉是微弱的机械刺激触及皮肤浅层的触觉感受器而引起的；压觉是较强的机械刺激引起皮肤深层组织变形而产生的感觉，通常将上述现象称为触压觉。触觉感受器在体表各部分不同，舌尖、唇部和指尖等处较为敏感，背部、腿和手背较差。通过触觉人们可以辨别物体大小、形状、硬度、光滑度及表面机理等机械性质。温度觉分为冷觉和热觉，皮肤温度低于 30℃ 时冷觉感受器冲动，高于 30℃ 时热觉感受器冲动，到 47℃ 为最高。痛觉是剧烈刺激引起的，具有生物学意义，它可以导致机体的保护性反应。

二、人的反应时间

人从接受外界刺激到作出反应的时间，叫做反应时间。它由知觉时间（t_a）和动作时间（t_g）两部分构成，即：

$$T = t_a + t_g \tag{2-7}$$

研究作业时人的反应时间特点，对安全生产具有重要意义。反应时间长短与很多因素有关，减少反应时间，提高反应速度，可以减少或避免事故的发生。反应时间与下列因素有关。

1. 反应时间随着感觉通道不同而不同

反应时间随着感觉通道的变化见表 2-4。

表 2-4　反应时间随着感觉通道的变化

感觉通道	听觉	触觉	视觉	嗅觉	味　觉			
					咸味	甜味	酸味	苦味
反应时间/s	0.115~0.182	0.117~0.201	0.118~0.206	0.200~0.370	0.308	0.446	0.523	1.082

2. 反应时间与刺激性质有关

反应时间与刺激性质的关系见表 2-5。

表 2-5　反应时间与刺激性质的关系

刺　激	反应时间/ms	刺　激	反应时间/ms
光	176	光和声音	142
电击	143	声音和电击	131
声音	142	光、声音和电击	127
光和电击	142		

3. 反应时间与运动器官有关

反应时间与运动器官的关系见表 2-6。

表 2-6　反应时间与运动器官的关系

动作部位	动作特点		最少平均时间/ms
手	握取	直线 曲线	70 220
	旋转	克服阻力 不克服阻力	720 220
脚	直线的 克服阻力的		360 720
腿	直线的 脚向侧面		360 720~1460
躯干	弯曲 倾斜		720~1620 1260

4. 反应时间随执行器官不同而不同

随执行器官的改变，反应时间的变化见表 2-7。

表 2-7　反应时间与执行器官的关系

执行器官	反应时间/ms	执行器官	反应时间/ms
右手	147	右脚	174
左手	144	左脚	179

5. 反应时间与刺激数目的关系

反应时间与刺激数目的关系见表 2-8。

表 2-8　反应时间与刺激数目的关系

刺激选择数	1	2	3	4	5	6	7	8	9	10
反应时间/ms	187	316	364	434	485	532	570	603	619	622

6. 反应时间与颜色的配合有关

若以两种颜色为刺激物时，当其对比强烈时，反应时间短，色调接近时反应时间长，见表 2-9。

表 2-9　反应时间与颜色配合的关系

颜色对比	白与黑	红与绿	红与黄	红与橙
平均反应时间/ms	197	208	217	246

7. 反应时间与年龄有关

年龄增加，反应时间增加，正常情况下 25～45 岁，反应时间较短。若以 20 岁时的反应时间为 100，年龄与反应时间的关系见表 2-10。

表 2-10　年龄与反应时间的关系

年龄/岁	20	30	40	50	60
反应时间相对值	100	104	112	116	161

8. 反应时间与训练有关

经过训练的人，反应时间可缩短 10%。

第三节　人的心理特性

自古以来，人类为了满足自己的需要，不断地认识世界和改造世界。随着现代科学技术的飞速发展，工业生产突飞猛进，人类的物质需要逐渐得到了满足，但由此而造成的事故越来越多，对工人的生命威胁也越来越大。于是人们在渴望得到物质满足的同时，更迫切渴望保障人身安全，不出工伤事故，不患职业病。安全感好，工人就能大胆地工作，有利于提高工作效率，保证产品质量；同时还可以减少生产中由事故而造成的负效益。相反，工人提心吊胆地工作，其效率和质量都难以保证。可见，生产与安全是不可分割的。

人与其他动物的根本区别就在于人有意识，有自觉能动性。人的心理特性包括心理过程特性和个性心理特征。心理过程特性有：认识过程（如感觉、知觉、注意、思维、想象等）；情感过程（如情绪与情感）；意志过程（如意志）。个性心理特征有：需要、动机、兴趣、能力、气质、性格、信念、理想、世界观。

一、人的心理

（1）心理是客观世界的反映　这种反映给人的思维、心理、意识准备条件，人的心理是客观世界的主观对象。

（2）心理是脑的机能　即神经系统和脑是心理产生的器官，心理是脑的产物，大脑皮质则是心理活动的最主要器官。人作为社会成员，个性心理特征的形成一方面受遗传因素的影响，这是个性心理特性形成的生物前提和自然条件；另一方面受所处的社会历史条件、环境因素及所进行的实践活动因素的相互影响，这是个性心理特征方面形成的社会条件。心理发展的根本动力是：人在社会活动中不断出现的新的需要和原有的心理发展水平之间的矛盾。每个人都有自己独特的个性心理特性，人人都具有认识、思维、情绪、意志、气质、性格、需要、动机等心理过程。因此，人与人之间的能力、性格、气质、动机等均存在差异。

二、心理特性与安全

1. 注意

注意是心理活动对一定对象的指向性和集中，对象可以是外部世界的事物和现象，也可以是内向体验。注意是心理活动的一种特性，是伴随一切心理活动而存在的一种心理状态。

即心理活动离不开注意，注意也离不开心理活动。

在生产过程发生的事故中，由人的失误引起的事故占较大比例，而不注意又是其中的重要原因。据研究引起不注意的原因有以下方面。

（1）强烈的无关刺激的干扰　当外界的无关刺激达到一定强度，会引起作业者的无意注意，使注意对象转移而造成事故。但当外界没有刺激或刺激陈旧时，大脑又会难以维持较高的意识水平，反而降低意识水平和转移注意对象。

（2）注意对象设计欠佳　长期的工作，使作业者对控制器、显示器以及被控制系统的操作、运动关系形成了习惯定型，若改变习惯定型，需要通过培训和锻炼建立新的习惯定型；但遇到紧急情况时仍然会反应缓慢，出现操作错误。

（3）注意的起伏　注意的起伏是指人对注意的客体不可能长时间保持高意识状态，而按照间歇地加强或减弱规律变化。因此越是高度紧张越需要意识集中地作业，其持续时间也不宜长，在低意识期间容易导致事故。

（4）意识水平下降导致注意分散　注意力分散是指作业者的意识没有有效地集中在应注意的对象上，这是一种低意识水平的现象。环境条件不良，引起机体不适，机械设备与人的心理不相符，引起人的反感；身体条件欠佳、疲劳，过于专心于某一事物，以致对周围发生的事情不作反应。上述原因均可引起意识水平下降，导致注意分散。

2. 情绪与情感

（1）情绪与情感的比较　情绪、情感是人对客观事物的一种特殊反应形式。任何人都具有喜、怒、哀、欲、爱、恶、惧七情，因此在现实生活中，各种事物对人的作用不一样，有的使人高兴、快乐，有的使人忧愁、悲伤，有的使人赞叹、喜爱，有的使人惊恐、厌恶。

（2）在实际工作中表现出来的不安全情绪

① 急躁情绪　干活利索但太毛躁，求成心切但不慎重，工作起来不仔细，有章不循，手、心不一致，这种情绪容易随环境的变化而产生。如节日前后、探亲前后、体制变动前后、汛期前后等。我国中医病理指出，人的情绪状况能主宰人的身体及活动状况。人的情绪状况如果发展到引起人体意识范围变狭窄、判断力降低、失去理智力和自制力、心血活动受抑制等情绪水平失调呈病态时，极易导致不安全行为。当人体情绪激动水平处于过高或过低状态时，人体操作行为的准确度都只有50%以下，因为情绪过于兴奋或抑制都会引起人体神经和肾上腺系统的功能紊乱，从而导致人体注意力无法集中，甚至无法控制自己。因此人们从事不同程度的劳动，需要有不同程度的劳动情绪与之相适应。当从事复杂抽象的劳动时，人处于较低的情绪激动水平，有利于人体安全操作和发挥劳动效率，当从事快速紧张性质劳动时，人处于较高的情绪水平，有利于人体安全操作和发挥劳动效率。人们在情绪水平失调时，言行上往往会表现出忧虑不安、恐慌、失眠、行为粗犷、眼睛呆滞、心不在焉和言行过分活跃，或出现与本人平时性格不一致的情绪状态等。若能从管理上及人体主观上都注意创造一个稳定的心理环境，并积极引导人们用理智控制不良情绪，则可以大大减少因情绪水平失调而诱发的不安全行为。

② 烦躁情绪　表现沉闷，不愉快，精神不集中，心猿意马，严重时自身器官往往不能很好协调，更谈不上与外界条件协调一致。

（3）情感　情感是在人类社会历史发展过程中形成的高级社会性情感，人类社会性情感可归结为道德感、理智感和美感。

3. 意志

意志就是人们自觉地确定目的并调节自己的行动去克服困难，以实现预定目的的心理过程，它是意识能动作用的表现。人们在日常生活、工作中，尤其是在恶劣的环境中工作，就必须有意志活动的参与，才能顺利地完成任务。

意志和认知、情感有密切联系，认知过程是意志产生的前提，因为意志行动是深思熟虑的行动，同时，意志调节认知过程，特别是在一些艰苦、复杂、精密的工作中，更需要有顽强的意志。在安全管理工作中应不计个人得失、排除各种干扰和诱惑力去完成和不断推进安全管理的各项工作任务。

4. 态度

态度是个人对他人、对事物较持久的肯定或否定的内在反应倾向的心理活动。人们在认识客观事物或在掌握知识的过程中，不是被动地去观察、想象和思维，也不是无区别地去学习一切，而是对人和事物都有某种积极、肯定的或消极、否定的反应倾向。这种反应倾向也是一种内在的心理准备状态，它一旦变得比较持久和稳定，就成为态度。态度影响一个人对事物、对他人及对各种活动做出定向选择。态度是一种内隐的反应倾向，但它或早或晚总要从外部行为中表现出来。

态度的形成和改变要经过三个层次。

（1）顺从　表面上接受别人的意见和建议，表面行为上与他人相一致，而在认识与情感上与他人并不一致，这是一种危险现象。这是在外在压力作用下形成的，若外在情境发生变化，态度也会发生变化。

（2）认同　是在思想上、情感上和态度上主动接受他人影响，比顺从深入一些。认同不受外在压力的影响，而是主动接受他人影响。

（3）内化　在思想观念上与他人相一致，将自己认同的新思想和原有观点结合起来构成统一的态度体系。这种态度是持久的，且成为自己个性的一部分。

态度的改变一般要通过以下途径：以团体的力量影响个人，比规章制度更为有效；人际关系影响，个人的态度可以随所属的团体活动和担任的角色变化而变化，信息沟通是双方在思想情感上互相沟通，信息来源要可靠，对信息的宣传和组织上要合适。认识和行为从一致变化为不一致，就需改变认识或改变行为，需要提供新概念，引导其做出新的行为。人们对安全工作的态度对做好安全工作具有重大影响，在安全管理中，应通过宣传、教育、团体作用，使工人对安全工作不仅态度是正确的，而且要达到内化的程度。避免工作不深、不透。在对工人的教育过程中，要紧紧抓住其态度转变的方法和途径，做到事半功倍。

5. 性格

（1）定义　性格是人们在对待客观事物的态度和社会行为的方式中，区别于他人所表现出的那些比较稳定的心理特征的总和。

（2）性格特征　性格是十分复杂的心理现象，它包含多个侧面，具有各种不同的特征。这些特征在不同的个体上，组成了独具结构的模式。

（3）性格的类型　性格的类型就是指一类人身上共有的性格特征的独特结合。对性格如何分类，各说不一，常见的分类有以下几种。

① 按心理机能分类　依据在性格结构中，理智、情绪和意志何种占优势，而把人的性格分为理智型、情绪型和意志型。

② 按倾向性分类　依据一个人心理活动时倾向于外部，还是倾向于内部把人的性格分为外向型和内向型。

③ 按独立-顺从程度分类　依据人的独立性的程度，把人的性格分为独立型和顺从型。

④ 以竞争性确定性格类型　分为优越型和自卑型。

⑤ 以社会形式确定　分为理论型、经济型、审美型、社会型、权利型和宗教型。还有的学者把性格分为：冷静型、活泼型、急躁型、轻浮型和迟钝型。前两者属于安全型，后三种属于非安全型。性格在个性心理特征中占重要地位、起主导作用。性格的形成有先天的生物学因素，受家庭、社会、学校的影响很大。性格决定人的行为，决定人的思维方式；决定

他的社会贡献。因此，性格与安全生产也有着密切的联系，在其他条件相同的情况下，冷静性格的人比急躁性格的人安全性强。对工作马虎的人容易出现失误。实践中不少人因鲁莽、高傲、懒惰、过分自信等不良性格，促成了不安全行为而导致伤亡事故。安全心理学就是要深入挖掘和发展劳动者的一丝不苟、踏实细致、认真负责的创造精神，提倡劳动者养成原则性、纪律性、自觉性、谦虚、克己、自治等良好性格，克服和制止易于肇事的那些不良的性格，良好的性格是安全生产的保障。作为安全生产管理者要了解和掌握职工的性格特点，针对职工的不同性格特点进行工作安排。将良好性格的人放在重要的、艰巨的、危险性相对大的工作岗位上。而将不良性格的人放在安全性相对小的岗位上。对不良性格的人要经常进行教育，培养职工形成良好的性格特征。

6. 能力

（1）定义　能力是人顺利完成某种活动所必须具备的心理特征之一。

（2）特点　能力作为一种心理特征不是先天具有的，而是在一定的素质基础上经过教育和实践锻炼逐步形成的，素质为能力的形成奠定了物质基础，要使素质所提供的发展能力的可能性变为现实，必须经过教育和锻炼。

（3）能力和知识、技能的关系　能力和知识、技能既有区别又紧密联系。知识是人类社会实践经验的总结。技能是人掌握的动作方式。能力是在掌握知识和技能的过程中形成和发展起来的；掌握知识和技能又以一定的能力为前提。能力不表现为知识和技能本身，而是表现在获得知识和技能的整体上，即在条件相同时，人掌握知识和技能时所表现出的快慢、深浅、难易以及巩固程度上。

（4）能力的种类　能力的种类很多，而且各种能力都有自己的结构，各种能力之间存在着一定的联系和区别。

（5）能力的个体差异　人与人之间能力是有差异的，主要表现在能力类型的差异、能力表现早晚的差异和能力发展水平的差异。

（6）能力的个体差异与安全　由于存在能力的个体差异，劳动组织中如何合理安排作业，人尽其才，发挥人的潜力，是管理者应该重视的。

7. 气质

（1）定义　气质是一个人生来就有的心理活动的动力特征。心理活动的动力指心理过程的程度、心理过程的速度和稳定性以及心理活动的指向性。

（2）特点　人的气质受神经系统特点的制约，具有一定的先天性，婴儿一出生，就表现出不同的气质类型。气质具有一定的稳定性，一个人具有某种气质特点，在一般情况下总会经常表现在他的情感活动中，尽管活动内容很不相同，但显现的气质类型相同。虽然气质特点在后天的教育、影响下会有所改变，但与其他个性特点相比，气质变化缓慢并且困难。

（3）气质的类型　古希腊医生希波克拉特被公认为是气质学说的创始者。他认为人体内有四种体液，即血液、黏液、黄胆汁和黑胆汁。这四种体液的数量在每个人体内各占的比例不是均匀的，其中有一种占优势，这就决定了人的气质特点。在他看来，如果血液占优势，则为多血质的气质类型；黏液占优势，则为黏液质的气质类型；黄胆汁占优势，则为胆汁质的气质类型；黑胆汁占优势，则为抑郁质的气质类型。这四种气质类型在心理活动上所表现出来的主要特征如下。

① 多血质的人情绪产生速度快，表现明显，但不稳定，易转变，活泼好动，好与人交际，外向。

② 黏液质的人情绪产生速度慢，也表现不明显，情绪的转变也较慢，易于控制自己的情绪变化；动作平稳，安静，内向。

③ 胆汁质的人情绪产生速度快，表现明显、急躁，不善于控制自己的情绪和行动；行动精力旺盛，动作迅猛，外向。

④ 抑郁质的人情绪产生速度快，易敏感，表现抑郁、情绪转变慢，活动精力不强，比较孤僻，内向。

这种按体液的不同比例来分析人的气质类型的学说是缺乏科学根据的，但比较符合实际，有一定的参考价值。

气质类型没有好坏之分，气质对个人的成就不起决定作用，不管何种气质，只要品德高尚，意志力强，都能为社会做贡献，在事业上有所建树。根据苏联心理学家研究，俄国四位著名作家普希金、赫尔岑、克雷洛夫、果戈理就是分别属于胆汁质、多血质、黏液质、抑郁质的；相反，品质低劣、意志薄弱，不管什么气质都会一事无成。在当今现实生活中，许多得过且过的人，绝对不会全是一种气质类型。

（4）气质学说与安全工作　为达到安全生产的目的，在劳动组织管理中，要充分考虑人的气质特征的作用。进行安全教育时，必须注意从人的气质出发，施用不同的教育手段。例如，强烈批评，对于多血质、黏液质人可能生效；对胆汁质和抑郁质的人往往产生副作用，因而只能采用轻声细语商量的形式。

由此可见，四种类型的人都具有积极和消极的两个方面，不能简单评价哪个好、哪个不好。在安全教育和安全检查中并非一定将某人划归为某种类型，而主要是测定、观察每个人的气质特征，以便有针对性地采用不同方式进行有效的教育，从而真正减少生产过程中的不安全行为造成的事故，实现安全生产的目的。

8. 需要与动机

动机是由需要产生的，需要是个体在生活中感到某种欠缺而力求获得满足的一种内心状态，它是机体自身或外部生产条件的要求在脑中的反映。有什么样的需要就决定着有什么样的动机。需要可分为生理性需要和社会性需要，前者是与生俱有的，是人类共有的为了维持生命进行新陈代谢所需一切生理要求在头脑中的反映，如衣、食、住、行、休息、生育等。社会性需要是人在群体生活和社会发展中所提出的要求在头脑中的反映，如劳动、社交、学习等。

人的需要大致可分为五类，生理需要、安全需要、社交需要、自尊需要和自我实现需要。生理需要是最基本的需要，在生理需要得到一定程度的满足之后，对安全的需要逐渐产生和加强。安全需要基本满足之后，社交需要逐渐产生和加强……。人的需要是较低一级的需要基本满足后，较高级的需要会逐渐产生和加强。

人对安全的需要随着社会的进步而不断提高。安全需要得不到满足，会对其较高级需要的产生和发展产生影响，也就是会影响人们的社会交往、对社会的贡献及社会的安定和发展，因此安全管理者应从安全对社会发展的较高层次上看到安全工作的重要性，努力做好安全工作、满足劳动者的基本需求。动机是一种内部的、驱使人们活动行为的原因。动机可以是需求、兴趣、意向、情感或思想等。如果将人比作一台机器，动机则是动力源。动机是人们行为领域里最复杂的问题，它作为活动的一种动力，具有三种功能：第一，引起和发动个体的活动，即活动性；第二，指引活动向某个方向进行，即选择性；第三，维持、增强或抑制，减弱活动的力量，即决策性。由于需要的多样性决定了人们动机的多样性。从需要的种类分，可以把动机分为生理性动机和社会性动机；根据动机内容的性质分为正确的动机与错误的动机，高尚的动机与低级、庸俗的动机。根据各种动机在复杂活动中的作用大小，分为主导性和辅助性动机；从动机造成的后果分为安全性动机和危险性动机。因此，安全管理中，首先应调动每个职工，提高预防安全的积极性，强化安全行为，预防不安全的消极行为。安全积极性是一种内在的变量，是内部心理活动过程，通过人的行为表现出来。从行为追溯到动机，从动机追溯到需要。安全需要是调动安全积极性的原动力，安全需要满足了，调动安全积极性的过程也就完成了。

9. 非理智行为的心理因素

明知故犯而违章作业的情况是普遍存在的，通过分析发现，由非理智行为而发生违章操作的心理因素经常表现在以下方面。

(1) 侥幸心理　由侥幸心理导致的事故是很常见的。人们产生侥幸心理的原因：一是错误的经验，例如某种事故从未发生过或多年未发生过，人们心理上的危险感觉便会减弱，因而容易产生麻痹心理导致违章行为甚至酿成事故；二是在思想方法上错误地运用小概率容错思想。的确，事物的出现是存在小概率随机规律的，根据不完全统计，每 300 次生产事故中包含一次人身事故，每 59 次人身事故包含一次重大事故，每 169 次人身事故包含一次死亡事故。这说明事故是存在于小概率之中的。对于处理生产预测和决策之类的问题，视小概率为零的容错思想是科学的，但对安全问题，小概率容错思想是绝对不允许的。因为安全工作本身就是要消除小概率规律发生的事故，如果认为概率小，不可能发生，而存侥幸心理，也许当次幸免于难，但随之养成的不安全动作和习惯，势必在今后工作中暴露在小概率之中而导致事故发生；因此，决不能忽略以小概率规律发生的事故，坚决杜绝侥幸心理，严格执行安全操作规程，进行安全生产。

(2) 省能心理　省能心理使人们在长期生活中养成了一种习惯，干任何事情总是要以较少的能量获得最大效果，这种心理对于进行技术改革之类工作是有积极意义的，但在安全操作方面，这种心理常导致不良后果，许多事故是在诸如抄近路、图方便、嫌麻烦、怕啰嗦等省能心理状态下发生的。例如某爆破工在加工起爆装置时，因一时手边找不到钳子，竟用牙齿去咬雷管接口，导致重伤事故。

(3) 逆反心理　在某种特定情况下，有些人的言行在好奇心、好胜心、求知欲、思想偏见、对抗情绪的一时作用下，产生一种与常态行为相反的对抗性心理反应，即所谓逆反心理。例如，要工人按操作规程进行操作，他自恃技术高明，偏不按操作规程去做；要他在不了解机械性能情况下不要动手，他在好奇心的驱使下，偏要去操作机械，往往事故出在这种情况下。因此，要克服生产中的不良的逆反心理，严格遵守规程，减少事故发生。

(4) 凑兴心理　凑兴心理是人在社会群体生活中产生一种人际关系反映，凑兴中获得满足和温暖，凑兴中给予同伴友爱和力量，以致通过凑兴行为发泄剩余精力。它有增进人们团结的积极作用，但也常导致一些无节制的不理智行为。诸如上班凑热闹，开飞车兜风，跳车，乱摸设备信号，工作时间嬉笑打闹的凑兴行为，都是发生违章事故的隐患。因为凑兴而违章的情况大多数发生在青年职工身上。他们往往精力旺盛，能量剩余而惹是生非，加之缺乏安全知识和安全经验而发生意想不到的违章行为。因此经常以生动的方式加强对青年职工的安全知识教育，以控制无节制凑兴行为发生。

(5) 从众心理　这也是人们在适应群体生活中产生的一种反映，和大家不一样就会感到一种社会精神压力。由于人们具有从众心理，因此不安全的行为和动作很容易被仿效。如果有工人不遵守安全操作规程，但没有发生事故，那么同班的其他工人也就跟着不按操作规程做，因为他们怕别人说技术不行。这种从众心里严重地威胁着安全生产。因此，要大力提倡、广泛发动工人严格执行安全规章制度，以防止从众违章行为的发生。

总之，在运用心理学预防伤亡事故的工作中，要针对不同的心理特征，"一把钥匙开一把锁"。还要结合个人的家庭情况、经济地位、健康情况、年龄、爱好、嗜好、习惯、性情、气质、心境以及不同事物的心理反应等，做深入细致的思想工作。

习题及思考题

1. 人体动态尺寸与安全生产有何关系？

2. 某地区人体测量的均值 $x=1600mm$，标准差 $\delta=57.1mm$，求这个地区第 95%、第 90% 及第 80% 的百分位数。

3. 已知某地区人体身高第 95% 的百分位数 $x_a=1734.27mm$，标准差 $\delta=55.2mm$，均值 $x=1686mm$，求变换系数。利用此变换系数求适用于该地区人们穿的鞋子长度值（该地区足长均值 $x=26.40mm$，标准差 $\delta=4.56mm$）

4. 为什么说人体测量参数是一切设计的基础？

5. 人体生理学参数测量的内容有哪些？并从中举一例说明与安全生产的关系。

6. 条件反射与非条件反射有什么区别和联系？

7. 人的视觉和听觉各有哪些特征？

8. 人的反应时间有哪些特点？怎样才能缩短人的反应时间？

9. 何谓注意？有哪些特征？

10. 什么是意志？良好的意志品质包括哪些方面？

11. 什么是情感？人的情感有哪些状态？

12. 个性心理特征包括哪些方面？

13. 气质具有什么心理特征？

14. 试述能力、性格的概念。

15. 情绪激动水平与安全生产水平有什么关系？

16. 违章作业处于何种心理状态？

17. 由非理智行为而发生违章操作的心理因素有哪些表现？

第三章

安全人机系统中人的作业特性

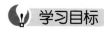

学习目标

1. 了解作业过程中人体能量代谢的基本知识。
2. 熟悉体力劳动强度分级指标。
3. 掌握作业疲劳分类及其产生的原因，能够制定预防作业疲劳措施。
4. 了解职业适应性的基本知识。

在生产和生活中都离不开劳动，社会赖以存在的原因就是社会劳动。研究人的劳动能力、劳动分级和劳动产生的疲劳，对于提高劳动效率、保护作业人员健康和安全是十分重要的。人的作业能力取决于劳动者本身的素质、劳动组织和劳动的类别以及外界环境条件等因素。经常参加劳动，能促进健康，提高思维能力和作业能力，正所谓用进废退。而饱食终日，无所用心，无所用力，必然引起智力和体力的衰退。

在资本主义的资本积累阶段，企业主往往通过无限制地加大劳动强度、延长工作时间等方法，获得超额利润，给工人造成极大的痛苦，导致劳资纠纷不断加剧。发展到现代，随着科学的进步和时代的前进，资本集团逐步认识到对劳动者给予较好的待遇、提供良好的工作环境、采用适当的劳动强度和劳动组织是增强竞争能力、创造更多价值的良好手段。所以发达国家率先开展研究劳动过程中机体调节适应的规律，从而寻找提高作业能力和效率、预防疲劳过早出现、保障健康、提高劳动生产率的途径。本章将主要介绍与人的作业能力相关的知识。

第一节 作业过程中人体的能量代谢

一、能量代谢

在物质代谢过程的同时发生着能量释放、转移、贮存和利用的过程，称为能量代谢。能量代谢过程是根据物质不灭和能量守恒法则进行的。物质代谢产生的能量有各种不同的形式，它们之间可以互相转移。

1. 劳动时的能量来源

糖是人体的主要能源。人体所需能量约有 70％ 由糖的分解代谢来提供。脂肪则起着贮存和供应能量的作用。而蛋白质作为能源，利用的量很少，它是人体组织的主要成分。糖和脂肪在体内经生物氧化后生成二氧化碳和水，同时产生能量。

人体摄入的物质（糖、脂肪、蛋白质）在体内氧化分解，同时释放能量。能量中约有一半是热能，用以维持体温并不断地向体外散发；另一部分以化学能的形式贮存于三磷酸腺苷（ATP）内，ATP 分解时放出能量，供应合成代谢和各种生理活动所需的能量。机体活动的大部分能量来源于三磷酸腺苷，例如肌肉收缩、神经肌肉生物电现象中的离子转运，各种腺体分泌和消化管细胞各种物质的运动等。这些化学能除肌肉收缩对外做功以外，其余部分被机体利用后最终仍然转变为热能而散于体外，对外做功也可折算为热量。所以，机体每天消耗的能量都可用热量单位千焦（kJ）来表示。

ATP 生成后，除直接为各种生理活动提供能量外，还可以把它的高能磷酸键转移给肌酸，生成磷酸肌酸（CP）。CP 是机体内的贮存库，多含于肌细胞内，其贮存量是 ATP 的 5 倍。每当细胞内 ATP 消耗时，即由 CP 生成新的 ATP 加以补充，使 ATP 在细胞内的量保持恒定。脑力劳动时上述的补充足以满足，但体力劳动时单纯靠 CP 分解用以产生 ATP 就不够了。

人的劳动，从生理学角度而言，是体力劳动和脑力劳动相结合进行的，只是不同的工作其体力劳动和脑力劳动所占比例不同而已。由于骨骼肌约占体重的 40％，故体力劳动的消耗较大。

2. 能量代谢量

能量代谢分为基础代谢、安静代谢和劳动代谢。

（1）基础代谢 基础代谢是指维持生命所必需消耗的基础情况下的能量代谢量。所谓基础代谢率（Basal Metabolic Rate，BMR）是指人进餐 12h 后，在清晨清醒地静卧于 18～25℃ 环境中，并保持神经松弛，体位安定，各种生理活动维持在较低水平下的代谢率。这时，能量代谢率不受肌肉活动、精神紧张、消化及环境温度等的影响。

基础代谢率是用每平方米体表面积、每小时的产热量来计算的，单位是 $kJ/(m^2 \cdot h)$。中国人正常基础代谢率的水平列于表 3-1。

表 3-1 中国人正常基础代谢率的水平　　　　　　单位：$kJ/(m^2 \cdot h)$

年龄/岁	11～15	16～17	18～19	20～30	31～40	41～50	＞50
男性	195.2	193.1	165.9	157.6	158.4	153.8	148.5
女性	172.2	181.4	153.8	146.3	146.7	142.1	138.4

实测数值和表 3-1 相差在 15% 以内的，都可认为正常。基础代谢量与体重不直接相关，而与人体表面积成比例关系。

（2）安静代谢　安静代谢是指人仅为保持身体平衡及安静姿势所消耗的能量代谢量。一般在工作前或工作后进行测定。安静代谢率一般取为基础代谢率的 1.2 倍。

（3）劳动代谢　劳动代谢量是指人在工作或运动时的能量代谢量。作业时的能量消耗量是全身各器官系统活动能耗量的总和。一般而言，体力劳动的能耗量可高出基础代谢的 10～25 倍，它与体力劳动强度直接相关。

3. 能量代谢率

由于人的体质、年龄和体力等差别，从事同等强度的体力劳动所消耗的能量则因人而异，这样就无法用能量代谢量进行比较。

为了消除个人之间的差别，通常采用劳动代谢量和基础代谢量之比来表示某种体力劳动的强度。这一指标称为能量代谢率（Relative Metabolic Rate，RMR）。

$$RMR = \frac{劳动时总能耗量-安静时能耗量}{基础代谢量} \tag{3-1}$$

在同样条件、同样劳动强度下，不同的人劳动代谢量虽然不同，但劳动代谢率是基本相同的。表 3-2 给出了实测的 RMR 值。

表 3-2　实测的 RMR 值

活动项目	动作内容	RMR	活动项目	动作内容	RMR
睡眠		基础代谢量×90%	步行	慢走(45m/min)散步	1.5
整装	洗脸、穿衣、脱衣	0.5		一般(71m/min)	2.1～2.5
扫除	扫地、擦地	2.7		快走(95m/min)	3.5～4
	扫地	2.2		跑步(150m/min)	8.0～8.5
	擦地	3.5	上下班	自行车(平地)	2.9
做饭	准备	0.6		汽车、电车(坐着)	1.0
	做饭	1.6		汽车、电车(站着)	2.2
	做后收拾	2.5		轿车	0.5
运动	广播体操的运动量	3.0	楼梯	上楼时(46m/min)	6.5
用饭、休息		0.4		下楼时(50m/min)	2.6
上厕所		0.4	学习	念、写、看、听(坐着)	0.2
			笔记	用笔记录(一般事务)	0.4
				记账、算盘	0.5

二、作业时的氧消耗

1. 氧需与氧债

作业时人体所需要的氧量取决于劳动强度。随着劳动强度的增加，所需能量亦随之增加，需氧量也增多。需氧量就是氧化能源物质所需的氧气量。劳动过程中每分钟的需氧量称为氧需。成年人安静时的需氧量为 0.2～0.3L/min。劳动时随着劳动强度的增加，需氧量也随之增多（最大需氧量可达安静休息时的 30 倍），供氧能否满足人体活动的需要取决于人体的循环系统和呼吸系统。人体在每分钟内能供应的最大氧量称为最大摄氧量（也称氧上限），成年人的最大摄氧量一般不超过 3L，经常锻炼的人可达 4L 以上。

一般情况下，摄氧量与耗氧量大致相等。在劳动过程中，随着劳动强度的增强，存在摄氧量满足不了需氧量增加的情况，即需氧量大于摄氧量时，使肌肉在缺氧的状态下从事活动，形成氧缺乏，这种供氧与需氧之间的差，称为氧债。

2. 氧债及其偿还

氧债及其偿还与劳动强度之间存在密切的关系。

（1）摄氧量与需氧量可以达到平衡　如图 3-1（a）所示，劳动开始后几分钟内，呼吸和循环系统的活动暂时不能适应氧需，随着呼吸循环功能逐渐增强，供氧得到满足，即进入供氧的稳态（x 点开始），这样的作业可维持很长的时间，劳动结束后（y 点开始），即从稳态转入偿还氧债阶段。

（2）摄氧量小于需氧量　如图 3-1（b）所示，劳动开始后，若劳动强度过大，需氧量接近或超过最大摄氧量负荷，则人体或在最大摄氧量状态下维持稳态，或劳动在缺氧状态下进行。由于贮能物质所限，劳动将不能持久，并且在劳动结束后仍将维持较高的氧需，以偿付劳动中所欠的氧债；劳动后恢复期的长短取决于氧债大小及个体循环、呼吸机能的强弱。

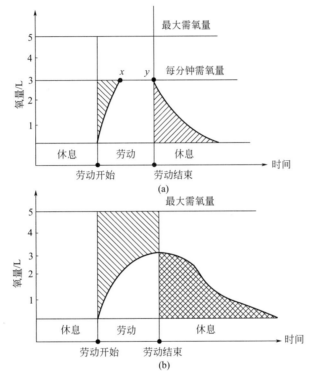

图 3-1　氧债及偿还

表 3-3 给出了人的极限工作能力参数，可用于评价作业疲劳程度、考评作业人员的身体素质以及制定工作定额等时的参考。

表 3-3　人的极限工作能力参数

负荷/W	氧耗量/(L/min)	能量消耗/[kJ/(m² · h)]	RMR	心率/(次/min)	极限负荷时间/min
基础	0.18	133.8	—	64.1	—
安静	0.22	163.2	—	75.0	—
50	0.99	741.0	4.32	113	—
75	1.32	979.2	6.10	124	215
100	1.44	1070.0	6.78	128	158
125	1.58	1173.0	7.55	133	112
150	1.76	1303.8	8.52	140	72
175	2.03	1501.2	10.0	149	37
200	2.43	1835.4	12.50	166	12
225	2.54	1889.4	12.90	168	10
250	2.64	1956.0	13.40	171	8
275	2.80	2074.8	14.29	177	5
300	3.06	2267.4	15.73	187	3

第二节 作业疲劳及其预防

一、疲劳及其产生机理

疲劳是指在长时间连续或过度活动后引起的机体不适和工作绩效下降的现象。无论是从事体力劳动，还是脑力劳动，都会产生疲劳。这是由于长时间或高强度的体力活动，使得体内贮存的能量和潜能耗尽，导致身体内部生物化学环境失调，使得确保活动的各个系统工作失调，从而产生了疲劳；而长时间的脑力活动，致使大脑中枢神经系统从兴奋转为抑制状态，导致思维活动迟缓，注意力不集中，动作反应迟钝，从而出现疲劳状态。

二、疲劳的主要特征

疲劳是人们在日常生产及生活中常常体验到的一种生理和心理现象，其主要特征可以表现在以下几个方面。

1. 休息的欲望

人的肌肉和大脑经过长时间的大量活动后就会出现"累了"或"需要休息"的疲劳感觉，而且身体的各个部位都会出现疲劳症状，比如颈部酸软、头昏眼花，这些疲劳感觉不仅仅自己感觉很明显，而且周围的人也同样可以感觉到。

2. 心理功能下降

疲劳时人的各项心理功能下降，例如反应速度、注意力集中程度、判断力程度都有相应的减弱，同时还会出现思维放缓、健忘、迟钝等。

3. 生理功能下降

疲劳时人的各种生理功能都会下降，随后人就进入疲劳状态。

（1）对于消化系统　会出现诸如口渴、呕吐、腹痛、腹泻、食欲不振、便秘、消化不良、腹胀等现象。

（2）对于循环系统　会出现诸如心跳加速、心口痛、头昏、眼花、面红耳赤、手脚发冷、嘴唇发紫等现象。

（3）对于呼吸系统　会出现诸如呼吸困难、胸闷、气短、喉头干燥等现象。

（4）对于新陈代谢系统　会出现诸如盗汗、身体发热等现象。

（5）对于肌肉骨骼系统　会出现诸如肌肉疼痛、关节酸痛、腰酸、肩痛、手脚酸痛等现象。

出现以上各种现象的同时，眼睛会觉得发红发痛，出现眼皮下垂，视觉模糊，视敏度下降，泪水增多，眼睛发干，眼球颤动，刺眼感，眨眼次数增多等现象；听力也会相对下降，出现辨不清方位和声音大小，耳内轰鸣，感觉烦躁、恍惚等现象。此外，甚至会出现尿频、尿量减少等现象。

4. 作业姿势异常

疲劳可以从疲劳人员作业的姿势中看出来。在作业姿势中，立姿最容易疲劳，其次是坐姿，卧姿最不容易疲劳。

据有关资料显示，作业疲劳的姿势特征主要有：

① 头部前倾；

② 上身前屈；

③ 脊柱弯曲；

④ 低头行走；

⑤ 拖着脚步行走；

⑥ 双肩下垂；

⑦ 姿势变换次数增加，无法保持一定姿势；

⑧ 站立困难；

⑨ 靠在椅背上坐着；

⑩ 双手托腮；

⑪ 仰面而坐；

⑫ 关节部位僵直或松弛。

5. 工作质量下降

疲劳会导致工作质量和速度下降，差错率增加，进而可能导致事故的发生，甚至造成人身伤亡与财产的损失。随疲劳程度不同，会出现诸如精神涣散、注意力和记忆力减弱、动作不灵活、反应变慢、对事物的判断力下降等不良表现，致使工作能力下降。许多事故就是在这种情况下发生的。

三、疲劳的分类

根据疲劳发生的功能特点，可以将疲劳分为生理性疲劳和心理性疲劳。

1. 生理性疲劳

生理性疲劳是指人由于长期持续活动使人体生理功能失调而引起的疲劳。例如铁路机车司机长时间的连续驾驶之后，会出现盗汗、心跳变缓、手脚发冷或者发热等现象，这些都是生理性疲劳的表现。

生理性疲劳又可以分为肌肉疲劳、中枢神经系统疲劳、感官疲劳等几种不同的类型。

（1）肌肉疲劳　它是指由于人体肌肉组织持久重复地收缩，能量减弱，从而使工作能力下降的现象。例如车床操作工长时间加班劳动，就会出现腰酸背痛、手脚酸软无力、关节疼痛、肌肉抽搐等症状。这些都是肌肉疲劳的明显表现。

（2）中枢神经系统疲劳　它也被称为脑力疲劳，是指人在活动中由于用脑过度，使大脑神经活动处于抑制状态的一种现象，是一种不愿意再作任何活动和懒惰的感觉，中枢神经系统疲劳意味着肌体迫切需要休息。如脑力劳动者在经过长时间的学习或思考问题后，会出现头昏脑涨，注意力涣散，反应迟缓，思维反应变慢。

（3）感官疲劳　它是指人的感觉器官由于长时间活动而导致机能暂时下降的现象。例如司机经过长途驾驶后，会出现视力下降，色差辨别能力下降，听觉迟钝的现象。所有这些表现，都表明了人体感官功能的疲劳状态。

以上这三种疲劳是相互联系、相互制约的。就司机而言，他的疲劳主要是中枢神经系统疲劳和感官疲劳，特别是他的视觉器官最先开始疲劳，随之就是肌肉疲劳的发生。这是由于在公路上长时间驾驶，必须时时刻刻注意道路上千变万化的状况，这使得司机的眼睛和大脑长时间持续保持高度紧张状态，特别是在高速行驶时，司机眼睛的工作负荷很重，大脑要连续不断地处理路上各种突发的情况。在这种情况下，司机的以上两项疲劳很容易出现。

2. 心理性疲劳

心理性疲劳是指在活动过程中过度使用心理能力而使其他功能降低的现象，或者长期单调地进行重复简单作业而产生的厌倦心理。比如车床操作工，负责的机床工作是长时间不变的，在每天的反复操作中，听到的是同样的机床运转嘈杂声，重复的是同样的操作流程，在这样的情况下，感觉器官长时间接受单调重复的刺激，使得操作工的大脑活动觉醒水平下降，人显得昏昏欲睡，头脑不清醒，从而会引起心理性疲劳。

心理性疲劳和生理性疲劳有着显著的差别，它与群体的心理气氛、工作环境、工作态度和工作动机以及与周围共同工作的同事的人际关系、自身的家庭关系、工作的薪金等诸多因素有着密切的关系。就好比足球比赛后，胜负双方的疲劳感觉是完全不同的。

四、引起疲劳的原因

人的生理、心理因素及管理方面的因素，都可能是造成疲劳的原因。具体而言，主要包括以下几个方面的原因：

① 工作单调，简单重复，如起重作业；

② 超过生理负荷的激烈动作和持久的体力或脑力劳动，如长时间不间断的工作；

③ 作业环境不良，如作业现场存在噪声、粉尘以及其他有毒有害物质，作业场地肮脏杂乱，作业现场光线阴暗等；

④ 不良的精神因素，多由于家庭变化或社会诸多不良因素而导致；

⑤ 机体状况不良以及长期劳逸安排不当，多由于个人因素或由于企业工作制度安排不合理而导致；

⑥ 机器本身在设计制造时，没有按人机工程学原理设计。

【案例】 疲劳导致事故

某厂 40t 冲床正在冲制零部件。由于任务比较紧张，冲床操作工王某已连续几天，每天从早晨上班一直干到晚上 7 时半下班。第 7 天时，她的体力已明显下降，头脑昏昏沉沉，手脚的协调性也比平时差了。但是，为了完成任务王某还是继续上机操作。到了下午 2 时，她的操作节奏突然发生紊乱，安放工件的手还未离开，竟下意识地踏下了开关。冲头迅速落下，将她的右手中指、无名指、小指压在工件与冲床台面之间，造成三指断裂。

显而易见，工伤事故的发生是与疲劳密切相关的，因此管理者必须重视因疲劳而引起的伤害问题，采取积极、有效的消除疲劳的措施。

五、预防疲劳的措施

预防疲劳的措施归纳起来可以有以下几方面。

1. 合理安排休息时间

（1）工间暂歇　工间暂歇是指工作过程中短暂休息，例如操作中的暂时停顿。工间暂歇对保持工作效率有很大的帮助，它对保证大脑皮质的兴奋与抑制、耗损与恢复、肌细胞的能量消耗与补充有良好的影响。心理学家认为，在操作中有短暂的间歇是很重要的，每个基本动作（操作单元）之间至少应该有零点几秒到几秒的间歇，以减轻员工工作的紧张程度。

苏联工业心理学家列曼认为："有人认为最短和最快的动作是最好的，其实这是完全错误的，因为这种操作方法会引起员工的过度疲劳，因此必须要有适当的间歇时间。"工间暂歇的合理安排，数量多寡和持续时间的正确选择非常重要。一般来说，工作日开始时工间暂歇应该较少，随着工作的继续进行应该适当加多，尤其是较为紧张的体力和脑力劳动，流水线作业应适当增加工间暂歇的次数和延长持续时间。

（2）工间休息　在劳动中，机体尤其是大脑皮层细胞会遭受耗损，与此同时，虽然也有部分恢复，若作业较长时间进行，则耗损会逐渐大于恢复，此时作业者的工作效率势必逐渐下降并导致失误率提高。若在工作效率开始下降或在明显下降之前，及时安排工间休息，则不仅大脑皮质细胞的生理机能得到恢复，而且体内蓄积的氧债也会及时得到补偿，因而有利于保持一定的工作效率。心理学家指出，休息次数太少，对某些体力或心理负荷较大的作业来说，难以消除疲劳；而休息次数太多，会影响作业者对工作环境的适应性与中断对工作的兴趣，也会影响工作效率和造成工作中的分心。因此，工间休息必须根据作业的性质和条件而定。

休息的方法也很重要。一般重体力劳动可以采取安静休息，也就是静卧或静坐。对局部体力劳动为主的作业，则应加强其对称部位相应的活动，从而使原活动旺盛的区域受到抑制，处于休息状态。作业较为紧张而费力的，可多做些放松性活动。一般轻、重体力劳动和脑力劳动，最好采取积极的休息方式，例如打羽毛球、做工间操等，这样的效果相对较好。

（3）工余时间的休息　工作后生理上或多或少会有一些疲劳，因此注意工余时间的休息同样重要。要根据自身的具体情况适当合理地安排休息、学习和家务活动，而且应该适当地安排文娱和体育活动，例如郊游、摄影、培养盆栽等。当然，安静和充足的睡眠更是非常必要的。

2. 合理安排作业休息制度，适当调整轮班工作制度

以上方法主要是从休息的角度来介绍消除疲劳的各种方法，但是要从根本上解决违反人体生物规律的轮班工作制度所带来的疲劳，必须对轮班工作制度做出合理的调整，以更加符合人生理需要的要求，尽量减少两者之间的冲突。

最好的方法，是将所采取的轮班工作制度彻底地消除，采取新的工作时间制度，如弹性工作制度，但这种方法对于一些必须24h不间断工作的行业企业（例如铁路、航空等）并不适用。在这种情况下，可以考虑采用以下几种方法。

（1）调整轮班工作制度的周期　有研究表明，班次更迭过快，员工对昼夜生理节律改变的调节难以适应，势必使大部分员工始终处于不适应状态。有人对三种轮班制度进行了比较，认为最佳方案是根据生理节律的特点，早、中、晚班分别从早晨4点、中午12点和晚上8点开始上班。轮班应该轮换得慢些，即每上一种班的时间都要长达一个月。目前大多数学者认为，每个月的夜班次数最多不超过14天为宜，长期从事夜班工作有害于员工健康，影响工作效率，有碍生活的乐趣。

我国企业以往主要实行的是"三班三运转"制，也就是早、中、晚各班连续工作一周后轮班，每周休息一天。目前，已有部分企业实行"四班三运转制"，也就是两天白班，两天中班，两天夜班，两天空班。这种轮班制轮换周期不长，对人体正常的生理节奏干扰不大，员工能得到充分的休息，有利于员工身心健康和提高工作效率，更有利于防止事故发生。一些对智力或者视觉、听觉要求较高的作业，如发电厂的炉机电集控室的控制人员，有些电厂已经实行"四六工作制"，也就是每天四班倒，每班工作6h，在工作时间轮班吃饭。实践证明，"四六工作制"缩短了工作时间，使轮班制对人体生物钟的干扰降低，同时又提高了工作效率，效果很好。

总体来说，不同的企业应该根据自身企业的生产特点，同时要充分考虑员工的身心健康，合理地安排工作的轮班制度，尽量降低导致疲劳和不安全操作的因素。

（2）对轮班工作员工的休息给予充分的照顾　企业应该对于轮班工作的员工以充分的关心和照顾，尽量创造良好的条件使轮班工作员工得到充分休息，例如对于上中班和夜班的员工，设置休息宿舍。当工作任务比较重、比较紧的时候，作业人员的工作强度会更大，并且睡眠时间更难以保证。在这种情况下，尽量创造安静和舒适的环境，使倒班工作的人员能够得到及时良好的休息。

此外，应该尽量关心轮班制员工的膳食营养问题，尽量保证轮班工作人员，尤其是保证中、晚班工作人员能够及时地吃饭，并且能够尽量让轮班工作人员吃得合理而且有营养。企业应该开设针对轮班工作人员的食堂，并且合理设计饭菜，使轮班工作人员的体能消耗得到及时的补充。

3. 改进操作方法，合理分配体力

正确选择作业姿势，使作业者处于一种合理的姿态。尽量降低由于单调的重复作业引发的不良影响，可以采取如下措施：

① 通过播放音乐等手段克服单调乏味的作业；

② 交换不同工作内容的作业岗位。

4. 改善环境条件及其他因素

改善工作环境，科学地安排环境色彩、环境装饰及作业场所布局，设置合理的温度、湿度，确保充足的光照，努力消除或降低作业现场存在的噪声、粉尘以及其他有毒有害物质，创造一个整洁有序的作业场地等，都对于减少疲劳有所帮助。

5. 建立合理的医疗监督制度

为工作人员建立一套医务档案，定期对其生理、心理功能进行检查。特别应该针对年龄较大，工龄较长，并且其心理和生理功能开始下降的劳动者，更应该加强诊断和治疗。企业可以和医院建立紧密联系，使工作人员能够经常得到简易的检查，了解其一段时间内休息是否充分，有无疲惫感等，消除由于疲劳而产生事故的隐患。

第三节　职业适应性

一、职业适应性概述

职业适应性的研究范畴是人机工程学中人对机的适应。由于人在身心素质方面的差异，导致一部分人比另一部分人更适合某项工作，在安全人机系统设计时，人员的选拔是非常重要的一环，必须选拔出适合系统要求的人员；此外，通过一定的学习和培训，人的能力和身心素质可以得到很大的提高。因此，安全人机系统的设计应对人员的选拔和培训提出明确的要求，以实现系统良好的人机匹配，达到安全和高效的目的。

1. 职业适应性的概念

职业适应性是指一个人从事某项工作时必须具备的生理、心理素质特征。他是在先天因素和后天环境相互作用的基础上形成和发展起来的。为筛选出符合要求的个体，往往需要对求职人员进行职业适应性测评，即通过一系列科学的测评手段，对人的身心素质水平进行评价，使人与职业岗位匹配，达到提高工作效率和安全生产的目的。因此，职业适应性测评既要反映效率的要求也要反映安全要求。

职业适应性测试一般不具有强制性，仅作为人才选拔的参考。

2. 职业适应性的分类

职业适应性可分为一般职业适应性和特殊职业适应性两大类。前者指从事一般职业所需的基本生理、心理素质特征；后者指从事某一特定职业所需的特殊生理、心理素质特征，例如对特种作业人员的选拔。《特种作业人员安全技术培训考核管理规定》（国家安全生产监督管理总局令第 30 号）中明确规定的电工、焊接与热切割作业、高处作业、制冷与空调作业等，都应该接受特殊职业性测试。

二、岗位分析

职业适应性测试涉及的问题是多方面的，为使得岗位适应性测试具有科学性和针对性，必须进行岗位分析，以便为满足选拔和培训标准要求的作业者提供测试依据。

1. 岗位分析应明确的内容

岗位分析应包括以下内容：

① 岗位的工作任务；

② 就职者应具备的素质，比如责任感、智力、知识、能力、技能等；

③ 该岗位的特殊要求。

2. 岗位分析的作用

岗位分析可以为人力资源管理提供一定的信息，具体作用有以下几个方面：

① 为岗位的招聘、定岗和晋升提供依据；

② 为岗位的教育和培训提供依据；

③ 为确定岗位的工作任务提供建议；

④ 为安全管理提供依据。

3. 岗位分析的项目构成

（1）岗位内容 包括担任的工作、与其他岗位的关系、作业步骤及作业要点等。

（2）责任与权限 包括基本职能、责任范围、责任事项、执行标准及面临的职业安全风险、控制手段、应急对策、权限等。

（3）身体动作和个性心理 包括基本姿势和动作、感觉集中及持续、智力和发挥、应有的心理状态。

（4）作业条件 包括工作时间、作业环境、作业方式、危险性、职业危害等。

（5）熟悉的过程 包括时间形态的变化、空间动作的变化、心理过程的变化。

（6）就职条件 包括年龄、性别、知识、技能及其熟练程度、身体素质、心理素质、人品与人格条件。

三、职业适应性测评

职业适应性测评包括测试和评价两部分。对个人从事某项具体工作的职业适应性测评包括一般职业适应性测评和特殊职业适应性测评。

职业适应性测试是指使用各种仪器和量表对被测试人员的生理、心理素质进行检测；职业适应性评价是指对职业适应性的测试数据进行综合分析，对被测试人员的职业适应性等级给予评价。

1. 职业适应性测试

职业适应性测试可分为一般职业适应性测试和特殊职业适应性测试。

（1）一般职业适应性测试 一般职业适应性测试主要检测与职业关系密切并有代表性的能力因素，适用于一般事务性岗位和一般技能性岗位人员的测试。主要包括以下 10 种能力因素：

① 智力。通过智力测试可以掌握被测试者的学习能力、理解能力、逻辑推理能力和判断决策能力等。

② 语言理解能力和口头表达能力。

③ 计算能力。

④ 空间知觉能力。

⑤ 形体知觉能力。

⑥ 书写能力。

⑦ 记忆能力。

⑧ 反应速度。

⑨ 运动协调性。

⑩ 手和手指的灵巧度。

（2）特殊职业适应性测试　特殊职业适应性测试一般是根据各个特殊职业的特点，总结、筛选出一些特定的检测指标体系。

如机动车驾驶人员测试的项目包括听力、视力、色觉、身高、深视力、夜视力、动视力、反应速度、操纵能力、眼手脚协调性、人格特征、安全态度等指标。

驾驶员在驾驶过程中会面临光线明暗及强光刺激，人眼在光线发生明暗变化时有较长一段的视觉适应时间。如驾驶员在夜间会车时，若视力在短时间内不能迅速恢复，就会直接影响到对交通信息的识别而诱发交通安全事故。

（3）职业适应性测试方法　生理性的测试项目可以采用常规医疗仪器和测试工具测试；特殊生理指标测试则采用专门仪器进行测试，如动视力检测仪可以检测驾驶员与观察物之间存在相对运动时，驾驶员对动态物体的视觉分辨力；深视力检测仪用于检测被试者辨别物体深度运动的感知能力；夜视力检测仪可以检测驾驶员在光适应之后，进入黑暗条件，在有效时间内对当前信息进行识别，根据识别时间长短判驾驶员的夜视力水平。

心理性的测试项目的测试相对复杂，其中一部分可以用单件心理测试仪器进行测试，另外一部分心理测试项目需要采用心理量表形式完成测试。

2. 职业适应性评价

测试完成后，需要对测试结果进行分析、评价，才能得到被测试人员的职业适应性等级。

职业适应性评价过程就是将测试结果与确定的评价标准进行对比分析，最终确定被测试人员的职业适应性等级。

习题及思考题

1. 何谓基础代谢、安静代谢和劳动代谢？

2. 何谓氧需、氧债与最大摄氧量？

3. 简述疲劳的分类及其特点，分析引起疲劳的原因。

4. 如何预防作业疲劳？

5. 如何应用职业适应性测评更好地进行人员选拔？

第四章

安全人机系统中的
作业环境

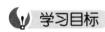

1. 具有确定不同作业环境区域指标的能力。
2. 具有综合评价微气候环境条件的能力。
3. 具有进行作业场所环境照明设计的能力。
4. 具有对作业环境进行色彩调节的能力。
5. 具有分析环境噪声危害，并制定相应治理措施的能力。

在人-机-环境系统中，任何人-机系统都处于一定的环境之中，因此人-机系统的功能不能不受环境因素的影响。与"机"相比，"人"受影响的程度更大。对系统产生影响的一般作业环境包括许多方面，主要有微气候、照明、色彩、噪声以及有毒物质等物理环境因素和化学因素。如果在系统设计的各个阶段，尽可能排除各种环境因素对人体的不良影响，使人具有"舒适"的作业环境，不仅有利于保护劳动者的健康与安全，还有利于最大限度地提高系统的综合效能。因此，作业环境对系统的影响就成为安全人机工程学研究中的一个重要方面。创造安全舒适的安全人机系统中的作业环境是深入贯彻"以人民为中心的发展思想"、增加劳动者在工作过程中的安全感、幸福感的重要途径。

根据作业环境对人体的影响和人体对环境的适应程度，可以把人的作业环境分为四个区域，见表 4-1。

根据作业环境分区原则，图 4-1 给出了几种决定作业者工作舒适程度的环境因素参考数据。

进行人机设计的目的就是提供既使人体舒适而又有利于工作的环境条件，以此提出最佳设计方案。当然，在生产实践中由于技术、经济等条件的限制，有时难以保证达到舒适的作业环境条件，于是就只能降低要求，创造一个允许环境，即要求环境条件保证在不危害人体健康和基本不影响工作效率的范围之内。

表 4-1　作业环境区域

区域名称	指标特点	对人体及工作的影响	说　　明
最舒适区	各项指标最佳，理想的环境模式	长时间工作不会感到疲劳，工作效率高，作业者主观感觉很好	少数实验室、计量室、精密设备操作室
舒适区	各项指标符合要求	在正常情况下环境对人身健康无损害，而且不会感到刺激和疲劳	一般仪器仪表加工和装配车间、实验室等
不舒适区	某项指标超出舒适指标	长时间工作会损害作业者的健康，或导致职业病	对这种环境需要采取一定的防护措施，以保证正常工作
不能忍受区	多项指标严重超标	在这种环境中工作，如无保护措施，不将操作者与有害的环境隔离开，人将难以生存	水下作业、放射环境等

图 4-1　决定舒适程度的环境因素范围

注：1cal＝4.18J

第一节　微　气　候

一、微气候因素

微气候是指工作场所的气候条件，主要指作业环境局部的气温、湿度、气流速度以及作业场所的设备、产品和原料等的热辐射条件。微气候直接影响作业者的工作情绪和身体健康，因而不但极大影响工作质量与效率，还会对生产设备产生不良影响。

各种微气候因素是互相影响、互相补偿的，某一因素变化对人体造成的影响，常可由另一因素的相应变化所补偿。例如，人体受热辐射所获得的热量可以被低气温抵消，当气温增高时，若气流速度加大，会使人体散热增加，使人感到不是很热。低温、高湿使人体散热增加，导致冻伤；高温、高湿使人体丧失蒸发散热机能，导致热疲劳。

1. 温度

空气的冷热程度叫温度。作业环境的温度除取决于大气温度外，还受太阳辐射和作业场所的热源如各种冶炼炉、化学反应容器、被加热的物体、机器运转发热和人体散热等影响。通常用干球温度计测定温度。

2. 湿度

湿度也叫气湿，指空气中所含的水分。作业环境的气湿主要是由水分蒸发和释放蒸汽所致，常用相对湿度表示。在一定温度下，相对湿度小，表示水分蒸发快。相对湿度在70%以上称为高气湿，低于30%称为低气湿。高温条件下，高湿使人闷热；而低温条件下，高湿使人感到阴冷。相对湿度通常用通风干湿表、干湿球温度计或湿度计测得。

3. 气流速度（风速）

空气的流动速度叫气流速度（风速），是评价微气候条件的主要因素之一。作业环境中的气流除受外界风力影响外，主要与作业场所中的热源有关。热源使空气加热而上升，室外的冷空气从门窗和下部空隙进入室内，形成空气对流。室内外温差越大，产生的气流越大。风速可用风速计、热球式微风仪等测定。

4. 热辐射

热辐射是物体在绝对温度大于0K时的辐射能量，主要指红外线及一部分可视线。太阳及作业环境中的各种熔炉、开放火焰、熔化的金属等热源均能产生大量的热辐射。红外线虽不能直接使空气加热，但当它被周围物体吸收时，辐射能就变成热能，使物体被加热而成为二次辐射源。物体的热辐射强度是指热辐射体在单位时间、单位面积上所辐射出的热量〔J/（m²·h）〕，可用黑球温度计进行测量，测量时打开热辐射源，黑球温度上升，关闭热辐射源，黑球温度下降，其差值即为实际辐射温度。当周围的物体表面温度高于人体表面温度时，则向人体放射热量，称为正辐射；反之，称为负辐射。负辐射有利于人体散热，在防暑降温上有一定意义。

二、微气候环境对人体及工作的影响

1. 高温对人体的影响

一般将热源散热量大于84kJ/（m²·h）的环境叫高温作业环境，有三种类型：高温、强热辐射作业，有气温高、热辐射强度大、相对湿度较低的特点；高温、高湿作业，其特点是气温高、湿度大，如果通风不良就会形成湿热环境；夏季露天作业，如农民田间劳动、建筑施工等露天作业。

在高温作业环境中，人体可能出现一系列生理功能改变，如人的脉搏加快，皮肤血管舒张，血流量大大增加，心率和呼吸加快；消化液分泌量减少，消化吸收能力受到不同程度的抑制，引起食欲不振、消化不良和胃肠疾病的增加；注意力不易集中，严重时会出现头晕、头痛、恶心、疲劳乃至虚脱等症状；大量丧失水分和盐分，甚至引起虚脱、昏厥乃至死亡。

在工业生产方面，人们早就发现产量受四季气温变化的影响。曾有学者研究美国金属制品厂、棉纺厂、卷烟厂等工厂的工作效率，发现每年隆冬与盛夏时工作效率降低、产量减少。英国研究发现，缺少通风设备的工厂，在夏季产量降低 13％；装有通风设备的同类工厂，产量只比春秋季降低 3％。

2. 高温对工作的影响

研究表明，在高温作业环境下从事体力劳动，小事故和缺勤的发生概率增加，车间产量下降。当环境温度超出有效温度 27℃时，发现需要用运动神经操作、警戒性和决断技能的工作效率会明显降低，而非熟练操作工的工作效能比熟练工损失更大。图 4-2 表示体力劳动的工作效率与温度、气流的关系，脑力劳动事故指数与温度的关系如图 4-3 所示。可见，温度对工作反应更敏感，当有效温度超过 29.5℃时，事故出现增多，工作效率快速下降影响工作。

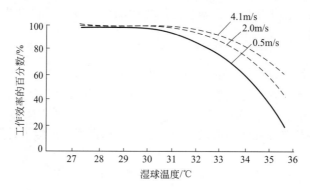

图 4-2　体力劳动的工作效率与温度、气流的关系

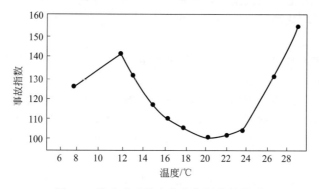

图 4-3　脑力劳动故事指数与温度的关系

3. 低温对人体的影响

低温一般是指 18℃以下，但对人和工作有不利影响的低温通常在 10℃以下。与高温环境一样，低温作业环境同样会使人感到不舒服。

人体在低温作业环境中，皮肤血管收缩，体表温度降低，使辐射和对流散热达到最小限度。如果时间较长，还会导致白细胞、血小板减少，血糖降低、血管痉挛、营养障碍等症状。若深部体温降至 30℃时，全身剧痛，意识模糊；降至 27℃以下时，可导致死亡。在严重的冷暴露中，会造成局部冻伤，最常见的是肢体麻木，特别是影响手的精细运动灵巧度和双手的协调动作。由于手的触觉敏感性的临界皮肤温度是 10℃左右，操作灵巧度的临界皮肤温度是 12～16℃，所以长时间暴露于 10℃以下时手的操作效率就会明显降低。

4. 低温对工作的影响

在低温作业环境中，工作消耗的体力要比常温环境下多。当作业所产生的热量不足以保持体温时，则会引起工作效率的变化。低温环境条件下，首先感到不适的是手、脚、腿和胳膊，以及暴露部分——耳、鼻、脸。当手部皮肤温度降至 15.5℃以下时，手的柔性和操作灵活性会急剧下降，因此，低温作业环境也对工作效率和安全性产生不利的影响。

图 4-4 表示了低温作业环境中作业暴露时间与手的灵活性关系，用于研究低温环境对中等难度手工装配作业的影响。实验是在气流速度很小的情况下进行，环境温度为 22℃，实验温度分别取 13℃、7℃、2℃和 1℃，要求作业者在上述不同温度条件下分别工作 30min、45min、60min 和 90min。实验结果表明：随着温度的降低，操作灵活性下降；在相同温度条件下，暴露时间越长，操作灵活性越差。更深入的研究表明，当环境温度（干球温度）为 7℃时，手工作业的效率仅为最舒适温度时的 80%。

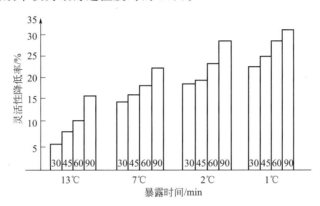

图 4-4　低温作业环境中作业暴露时间与手的灵活性关系

三、微气候环境的主观感觉及评价

1. 人体的热平衡

尽管人所处的作业环境千变万化，可是人的体温却波动很小，为了维持生命，人体要经常对 36.5℃的目标值进行自动调节。人体在自身的新陈代谢过程中，一方面不断吸收营养物质，制造热量；另一方面不断地对外做功，消耗热量；同时也通过皮肤和各种生理过程与外界环境进行着热交换，将产生的热量传递给周围环境，包括人体外表面以对流和辐射的方式向周围环境散发的热量、人体汗液和呼吸出来的水蒸气带走的热量。人体热平衡状态如图 4-5 所示，当人体产热和散热相等时，处于热平衡状态，即人体将感觉到不冷不热；当产热多于散热时，人体热平衡破坏，可导致体温升高；当散热多于产热时，会导致体温下降，人体将感觉到冷。可见它并不是一个简单的物理过程，而是在神经系统调节下的非常复杂的过程。人体如果得不到这种平衡，则要随着散热量小于或大于产热量的变化，体温上升或下降，使人感到不舒服，甚至生病。

2. 舒适的微气候环境条件

衡量微气候环境对人体的舒适程度是相当困难的，不同的人有不同的估价。一般认为，"舒适"有两种含义：一种是指人主观感到的舒适；另一种是指人体生理上的适宜度。比较常用的是以人主观感觉作为标准的舒适度。人的自我感觉的舒适度与工作效率有关。

（1）舒适的温度　舒适温度是指某一温度范围而言，生理学上常规定为：正常地球引力和海平面气压条件下，人坐着休息、穿着薄衣服、无强迫热对流、未经热习服的人所感到的舒适温度。按照这一规定，舒适温度一般指（21±3）℃。

人主观感到舒适的温度与许多因素有关，既有客观条件（如季节不同舒适温度不同，夏季比冬季高；湿度越大，风速越小，则舒适温度偏低；在不同地域长期生活的人，对舒适温度的要求也不同），又有主观因素（如不同的体质；性别、年龄的差别，女子的舒适温度比

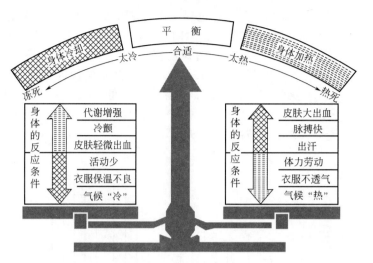

图 4-5　人体热平衡状态

男子高 0.55℃，40 岁以上的人比青年人约高 0.55℃；穿厚衣服对环境舒适温度的要求较低及热习服等），均会形成不同的舒适温度。不同劳动条件下的舒适温度也不同，表 4-2 为在室内相对湿度为 50%，某些劳动的舒适温度指标。

表 4-2　不同劳动条件下的舒适温度指标（室内相对湿度为 50%）

作业姿势	作业性质	工作举例	舒适温度/℃
坐姿	脑力劳动	办公室、调度台	18～24
	轻体力劳动	操纵、小零件分类	18～23
站姿	轻体力劳动	车工、铣工	17～22
	重体力劳动	沉重零件安装	15～21
	很重体力劳动	伐木	14～20

（2）舒适的湿度　在不同的空气湿度下，人的感觉不同。高气湿时人的皮肤会感到不适，对工作效率产生消极影响；低气湿时人会感到口鼻干燥。一般来说，最适宜的相对湿度是 40%～60%。

当室内气温 t 在 12.2～26℃时，最合适的相对湿度 φ（%）与 t（℃）的关系为：

$$\varphi = 188 - 7.2t \tag{4-1}$$

（3）舒适的风速　舒适的风速与场所的用途和室温有关。普通办公室最佳空气流速是 0.3m/s，教室、阅览厅、影剧院为 0.4m/s；从季节来看，春秋季为 0.3～0.4m/s，夏季为 0.4～0.5m/s，冬季为 0.2～0.4m/s。而当室内温度和湿度很高时，空气流速最好是 1～2m/s。

3. 微气候环境的评价依据

微气候环境对人体影响的主观感觉是评价微气候环境的主要依据之一，几乎所有的微气候环境评价标准都是在研究人的主观感觉的基础上制定的。通过在不同微气候环境因素下对众多作业者的主观感觉调查，所获得的资料便可以作为主观评价的依据。表 4-3 是对某地区工厂工人的调查资料，可供评价微气候环境时参考。

4. 微气候环境的综合评价指标

由于气温、湿度、风速以及热辐射等因素综合作用于人体产生感觉，所以应采用一个综合指标来表示和评价微气候环境。常用的评价方法或指标有以下四种。

表 4-3 微气候环境对人体舒适感影响的主观评价

评价因素	空气温度/℃	25.1~27.0	27.1~29.0	29.1~31.0	31.1~32.0	32.1~33.0
	空气相对湿度/%	85~92	84~90	76~80	74~79	74~76
	风速/(m/s)	0.05~0.1	0.05~0.2	0.1~0.2	0.2~0.3	0.2~0.4
	热辐射温度/℃	25.6~27.8	27.8~29.7	29.7~32.0	32.5~32.7	33.4~33.5
	人体温度/℃	36.0~36.4	36.0~36.5	36.2~36.4	36.3~36.6	36.4~36.8
	皮肤温度/℃	29.7~29.9	29.7~32.1	33.1~33.9	33.8~34.6	34.5~35.0
主观感觉		可穿外衣,有微风时清凉,吃饭不出汗,夜间睡眠舒适	可穿衬衣,夜间睡眠仍感舒适	稍感到热,夜间不易入睡,蒸发散热增加	有微风时仍出微汗,夜间难睡,主要靠蒸发散热	皮肤出汗,家具表面发热,感觉闷热
工作情况		工作愉快,无微风工作仍适宜	有微风时工作舒适,无微风时感到微热,但不出汗	有微风时工作尚可,无微风时出微汗	有风时勉强工作,但较干燥,较热,口渴	工作困难,虽有风,工作仍感困难
主观评价		凉爽,愉快	舒适	稍热,尚可	较热,勉强	过热,难受

（1）不适指数 DI 不适指数 DI 是评价人体对温度、湿度环境的感觉。不适指数可由式（4-2）求出：

$$DI = (T_d + T_w) \times 0.72 + 40.6 \qquad (4-2)$$

式中   DI——不适指数；

T_d——干球温度，℃；

T_w——湿球温度，℃。

通过计算各种作业场所、办公室及公共场所的不适指数，就可以掌握其环境特点及对人的影响。不适指数 DI 不足之处是没有考虑风速。

（2）有效温度 ET 有效温度 ET 是一种生理热指标，是根据受试者在实验条件下对温度、湿度和气流速度的主诉感受来划分等级，成为统一的具有同等温度感觉的等效温度。如图 4-6 所示为穿正常衣服进行轻劳动时的有效温度，从图中可以查出一定条件下从事轻劳动

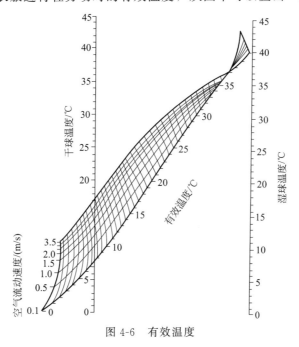

图 4-6 有效温度

的有效温度。例如在干球温度30℃、湿球温度25℃、风速为0.5m/s的环境中，分别找出干球温度30℃点和湿球温度25℃点，通过连接这两点间虚线与风速为0.5m/s曲线的交点，即可求出此时的有效温度ET为26.6℃。

有效温度的不足之处是没有考虑辐射的影响，但可用黑球温度代替干球温度，加以校正。

（3）三球温度（WBGT）　三球温度（WBGT）是以干球、湿球、黑球温度计分别测得的温度按一定的比例进行加权平均得出的温度指标，是一种用于评价在暑热环境下热强度的综合指标。

在受太阳辐射的环境下，湿球温度计应完全暴露在太阳辐射下，而干球温度计应防止太阳辐射，三球温度基本公式为：

$$WBGT = 0.1T_d + 0.7T_w + 0.2T_g \qquad (4-3)$$

式中　　WBGT——三球温度，℃；

$\quad\quad\quad T_d$——干球温度，℃；

$\quad\quad\quad T_w$——自然通风状态下的湿球温度，℃；

$\quad\quad\quad T_g$——黑球温度，℃。

若在室内和室外遮阴的环境下，干球温度项可以取消，而黑球温度的权系数为0.3，则公式改为：

$$WBGT = 0.7T_w + 0.3T_g \qquad (4-4)$$

三球温度综合考虑了空气温度、辐射温度、气流和湿度的影响，比有效温度ET更适于暑热环境下的热强度评价，特别是现在常用于室内（舱内）暑热环境的评价。

（4）卡他度H　卡他度H一般用于评价劳动条件舒适程度，可由卡他温度计测量计算得出。测定卡他度的卡他温度计是模拟人体表面的散热条件而设计的。其下端有一个圆柱形的酒精容器，上部是棒状温度计，上面只有38℃和35℃两个刻度线。测量时可通过测定液柱由38℃降到35℃时所经过的时间（t）而求得卡他度（H）。

$$H = \frac{F}{t} \qquad (4-5)$$

式中　　H——卡他度；

$\quad\quad\quad F$——卡他计常数；

$\quad\quad\quad t$——由38℃降至35℃所经过的时间，s。

卡他度分为干卡他度和湿卡他度两种，干卡他度包括对流和辐射的散热效应，湿卡他度则包括对流、辐射和蒸发三者综合的散热效应。卡他度表示了温度、湿度和风速三者对人体散热的综合作用，数值越大，说明散热越好。工作时感到比较舒适的卡他度值见表4-4。

表4-4　较舒适的卡他度值

劳动状况	轻作业	中等作业	重作业
干卡他度	＞6	＞8	＞10
湿卡他度	＞18	＞25	＞30

5. 工业企业微气候环境的评价标准

在工业生产中根据作业特征和劳动强度不同，要求有不同的微气候环境。表4-5为工厂车间内作业区的空气温度和湿度标准。

表 4-5　工厂车间内作业区的空气温度和湿度标准

车间和作业的特征		冬季		夏季	
		温度/℃	相对湿度/%	温度/℃	相对湿度/%
主要放散对流热的车间	散热量不大 轻作业 中等作业 重作业	14～20 12～17 10～15	不规定	不超过室外温度3℃	不规定
	散热量大 轻作业 中等作业 重作业	16～25 13～22 10～20	不规定	不超过室外温度5℃	不规定
	需要人工调节温度和湿度 轻作业 中等作业 重作业	20～23 22～25 24～27	≤80～75 ≤70～65 ≤60～55	31 32 33	≤70 70～60 ≤60～50
放散大量湿气的车间	散热量不大 轻作业 中等作业 重作业	16～20 13～17 10～15	≤80	不超过室外温度3℃	不规定
	散热量大 轻作业 中等作业 重作业	18～23 17～20 16～19	≤80	不超过室外温度5℃	不规定
放散大量辐射热和对流热的车间 [辐射强度大于 2.5×10^5 J/(h·m²)]		8～15	不规定	不超过室外温度5℃	不规定

为保证高温作业工人持续接触热环境后生理功能得到恢复，标准还规定，持续接触热环境后必要休息时间不得少于 15 min，且休息时应脱离热环境。在应用该标准时，如高温作业工作地点空气湿度大于 75% 时，则空气湿度每增加 10%，允许持续接触时间相应降低一个档次，即采用高于工作地点温度 2℃ 的时间限值。

四、改善微气候环境的措施

1. 高温作业环境的改善

高温作业环境的改善应从生产工艺和技术、保健措施、生产组织措施等几个方面入手加以改善。

（1）生产工艺和技术措施

① 合理设计工艺流程，改进生产设备和操作方法，是改善高温作业劳动条件的根本措施。尽可能将热源布置在车间外部，使作业人员远离热源，否则热源应设置在天窗下或夏季主导风向的下风头，或热源周围设置挡板，防止热量扩散。

② 隔热是防暑降温的一项重要措施。可以利用水或热导率小的材料进行隔热，其中尤以水的隔热效果最好。水隔热常用的方式有循环水炉门、水箱、瀑布水幕、钢板水幕等。缺乏水源的工厂及中、小型企业以选取隔热材料为佳。其他隔热措施，如拖拉机、挖土机的热源，可用经常保持湿润的麻布或帆布隔热。为防止太阳辐射传入室内，可将屋顶和墙壁刷白，或采用空心砖墙、屋顶搭凉棚、空气层屋顶、屋顶喷水、天（侧）窗玻璃涂云青粉等措施，工作室地面温度超过 40℃ 时，如轧钢车间的铁地面和地下有烟道通过时，可利用地板下喷水、循环水管或空气层隔热。

③ 降低湿度。人体对高温环境的不舒适反应，很大程度上受湿度的影响，当相对湿度超过 50% 时，人体通过蒸发散热的功能显著降低。工作场所控制湿度的唯一方法是在通风口设置去湿器。

④ 通风降温。高温车间，通风条件差，影响工作效率。气温越高，影响越大。

第一种方式：自然通风。任何房屋均可透过门窗、缝隙进行自然通风换气。在散热量大、热源分散的高温车间，1h 内需换气 30～50 次以上，才能使余热及时排出，此时就必须把进风口和排风口配置得十分合理，充分利用热压和风压的综合作用，使自然通风发挥最大的效能。

第二种方式：机械通风。在自然通风不能满足降温的需要或生产上要求车间内保持一定的温、湿度的情况下，可采用机械通风，其设备主要有风扇、喷雾风扇与系统式局部送风装置。

（2）保健措施

① 合理供给饮料和补充营养　高温作业工人应补充与出汗量相等的水分和盐分。补充水分和盐分的最好办法是供给含盐饮料，在 8h 工作日内出汗量少于 4L 时，每天从食物中摄取 15～18g 盐即可，不一定在饮料中补充。若出汗量超过此数时，除从食物中补充盐量外，需从饮料中适量补充盐分。饮料的含盐量以 0.15%～0.2% 为宜。饮料品种繁多，如茶含有鞣酸，能促进唾液分泌，有解渴作用，又含有咖啡因，有兴奋作用，能消除疲劳；也可以采用 1% 绿茶和 0.2% 盐开水等量混合；盐汽水含二氧化碳，能促进胃液分泌；番茄汤、绿豆汤、酸梅汤等均有一定的消暑作用。除补充水、盐外，尚需含有钾、钙、磷酸盐和维生素、必要的氨基酸与能生津止渴的中草药等成分。饮水方式以少量多次为宜，饮料的温度以 15～20℃ 为佳。此外，最好能补充维生素 A、维生素 B_1、维生素 B_2、维生素 C 和钙等。

② 做好个人防护　高温作业的工作服应具有耐热、热导率小、透气性好的特点，为防止热辐射可用白帆布或铝箔制作，尺寸宜宽大但不妨碍操作。此外，应根据工作需要，使用工作帽、防护眼镜、面罩、手套、鞋盖、护腿等个人防护用品。特殊高温作业，如炉衬热修、清理钢包等工种，为防止强烈热辐射，工人须佩戴隔热面罩并穿着隔热、阻燃、通风的防热服，如喷涂金属（铜、银）的隔热面罩，铝膜布隔热冷风衣等。

③ 进行职工适应性检查　因为人的热适应能力有差别，有的人对高温条件反应敏感。因此，在就业前应进行职业适应性检查。凡有心血管系统器质性疾病、血管舒缩调节机能不全、持久性高血压、溃疡病、活动性肺结核、肺气肿、肝肾疾病、明显的内分泌疾病（如甲状腺功能亢进）、中枢神经系统器质性疾病、重病后恢复期及体弱者，均不宜从事高温作业。

（3）生产组织措施

① 合理安排作业负荷　在高温作业环境下，为了使机体维持热平衡机能，工人不得不放慢作业速度或增加休息次数，以此来减少人体发热量。作业负荷越重，持续作业时间越短。因此，高温作业条件下，不应采取强制生产节拍，应适当减轻工人负荷，合理安排作息时间，以减少工人在高温条件下的体力消耗。

② 合理安排休息场所　为高温作业者提供的休息室中的气流速度不能过高，温度不能过低，否则会破坏皮肤的汗腺机能。温度在 20～30℃ 最适用于高温作业环境下身体积热后的休息。

③ 职业适应　对于离开高温作业环境较长时间又重新从事高温作业者，应给予更长的休息时间，使其逐步适应高温环境。高温作业应采取集体作业，能及时发现热昏迷。训练高温作业者自我辨别热衰竭和热昏迷的能力，一旦出现头晕、恶心，及时离开高温现场。

2. 低温作业环境的改善

改善低温作业环境，应做好以下工作。

① 做好防寒和保暖工作　应按 GBZ 1—2010《工业企业设计卫生标准》和《采暖、通风和空气调节设计规范》的规定，设置必要的采暖设备，使低温作业地点经常保持合适的温度，调节后的温度要均匀恒定。为了保暖，必须在进出口设置暖气幕、夹棉布幕或温暖的门

斗，以提高保暖效果。冬季在露天工作或缺乏采暖设备的车间工作时，应在工作地点附近设立取暖室，以供工人轮流休息取暖之用。

② 增加作业负荷　增加作业负荷，可以使作业者降低寒冷感。但由于作业时出汗，休息时更感到寒冷，因此工作负荷的增加，应以不使作业者出汗为限。对于大多数人，负荷量大约为175W。

③ 注意个人防护　必须使低温作业人员在就业时掌握防寒知识和养成良好的卫生习惯。低温车间（如冷库）或冬季露天作业人员应穿御寒服装，其质料应具有导热性小、吸湿和透气性强的特性。如果工作时衣服潮湿，要及时更换、烘干。在潮湿环境下劳动时，应发橡胶工作服、围裙、长靴等防湿用品。

④ 采用热辐射取暖　室外作业时，若无法用提高外界温度方法消除寒冷，如果穿着厚厚的衣服影响作业者操作的灵活性，而且有些部位又不能被保护起来时，还是采用热辐射的方法御寒最为有效。

⑤ 增强耐寒体质　经常冷水浴或冷水擦身或以较短时间的寒冷刺激结合体育锻炼，均可提高对寒冷的适应。此外，应适当增加富含脂肪、蛋白质和维生素 B_2、维生素 C 的食物。

第二节　环 境 照 明

在生产活动中，人们从外界接受的各种感觉信息，85%～90%以上为视觉信息。从人机工程的角度来看，照明条件的好坏直接影响视觉获得信息的效率与质量，所以说环境照明对人的舒适、视力、保证工作效率和质量、确保安全生产意义重大，图 4-7 说明了良好照明环境的作用。由图可知，良好的照明环境主要是通过改善人的视觉条件（照明生理因素）和视觉环境（照明心理因素）达到提高生产率的。适当的照明使周围环境敞亮，对于改善产品质量、提高劳动生产率无疑都是极其重要的。因此，环境照明条件是作业环境中的重要因素之一。

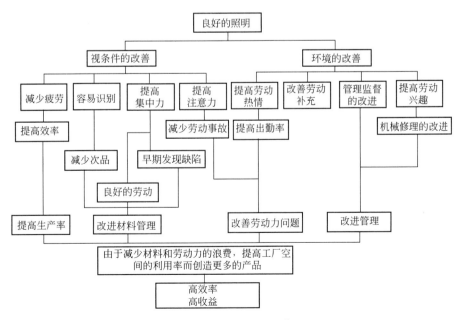

图 4-7　良好照明环境的作用

一、光的物理度量

光是能量的一种形式，光源能将其他形式的能量转换为光辐射能。反映人眼视觉明、暗感觉特性的光辐射计量是光度量，它不仅与辐射体有关，还与人的视觉有关。其基本量为发光强度，符号为 I，这是表示光源发光强弱程度的一种物理量，其单位是坎德拉（简称坎），记做 cd。"坎德拉"也是国际单位制（SI）的七个基本单位之一。

1. 光通量

光源发光时，不断向四周辐射出光能，在单位时间内通过某一面积上的光能被称为这一面积的光通量，符号为 Φ。其定义也可以是光源的发光强度 I 与立体角 Ω 之积，称为此立体角内的光通量。目前国际上通用的光通量单位是流明（lumen，缩写 lm）。

2. 照度

光通量与被照射表面面积之比称为照度，符号为 E，用以表示照明的程度。照度单位为勒克斯（lx），其定义为在 $1m^2$ 的面积上均匀照射 1lm 的光通量，则照度为 1lx。实验表明，照度从 10lx 增加到 1000lx 时，视力可提高 70％，再增加照度对视力提高并无多大帮助，特别是照度值提高到一定限度会产生眩光效应而降低工作效率。

3. 亮度

光源的单位面积上的发光强度就是亮度，符号为 L，单位为熙提（sb），$1sb = 1cd/cm^2$，用于表示发光面的明亮程度。

二、环境照明对人体及工作的影响

1. 产生暗适应和明适应

对光亮程度变化的适应性是人眼的重要特点。当外界光线亮度发生变化时，人眼的感受性也随之发生变化，这种感受性对刺激发生顺应性的变化叫做适应，分暗适应和明适应。

暗适应是指人从光亮处进入黑暗处时，视觉逐步适应于黑暗环境的过程。此时，人眼的感受性是随时间慢慢增高的，当完全适应时人的视觉敏锐度有极大的增强。而如果由黑暗环境进入明亮环境，刚开始时人眼不能辨别物体，要经过几十秒的时间才能看清，这种过程叫做明适应，这是人眼感受性随时间慢慢降低的过程，开始几秒钟内感受性迅速降低，大约30s 以后降低变得缓慢，完全适应大约需经过 60s 以后。所以，暗适应时间较长，一般要经过 4～6min 才能基本适应，在暗处停留 30min 左右，眼睛才能达到完全适应的程度；明适应时间较短，一般在 1min 左右就可完全适应。

急剧和频繁的适应会增加眼睛的疲劳，使视力迅速下降，故室内照明要求均匀而稳定，工作面的光度均匀，避免工作面产生阴影。如果工作面的亮度不同，则眼睛需要频繁地适应各种不同的亮度，这样不仅易于产生视力疲劳，而且容易引发事故。最常见的照度不均匀现象是工厂的机床工作面和它的周围环境。由于机床上附设的小灯在工作面上形成高照度，而在其他地方仅由车间上空的照明灯作一般照明，两者在照度上相差悬殊，工作时操作者不仅要注视加工零件，也需转视他处，这就出现了适应现象。工作面和它周围环境的照度差愈大，影响视力愈厉害，愈易造成视疲劳，并影响到工作效率、工作质量和安全。

2. 产生眩光现象

当视野内出现亮度过高或对比度过大时，产生的刺眼、耀眼的强烈光线称为眩光，按产生原因，可分为直接眩光、反射眩光和对比眩光三种。直射眩光由强烈光源直接照射而引起，其产生与光源位置有关，如图 4-8 所示；反射眩光是强光照射在过于光亮的表面后反射到人眼造成的；对比眩光是物体与背景明暗相差太大造成的。例如，晚上看路灯，背景漆黑，形成很大的亮度对比，感到刺眼，产生眩光现象；白天看路灯，由于背景是自然光，亮度对比小，因此不会感到刺眼，不会产生眩光现象。

眩光视觉效应的危害主要是破坏视觉的暗适应，产生视觉后像，使工作区的视觉效率降低，产生视觉不舒适感和分散注意力，易造成视疲劳，长期下去，会损害视力。研究表明，做精细工作时，眩光在 20min 内就可使差错率明显增加，工效显著降低。不同位置的眩光源对视觉效率的影响如图 4-9 所示。

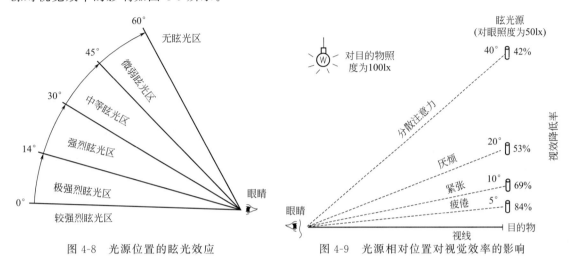

图 4-8　光源位置的眩光效应　　　　图 4-9　光源相对位置对视觉效率的影响

3. 产生疲劳

人的眼睛能够适应从 $10^{-3} \sim 10^{5} lx$ 的照度范围，合适的照明能提高近视力和远视力。实验表明，照度自 10lx 增加到 1000lx 时，视力可提高 70%。视力不仅受物体亮度的影响，还与周围亮度有关，当周围亮度与中心亮度相等，或周围稍暗时，视力最好，若周围比中心亮，则视力会显著下降。

视觉疲劳是产生事故和影响工效的主要原因。如果照明不良，作业者需长时间反复辨认对象物，使明视觉持续下降，引起眼睛疲劳，严重时会导致作业者的全身性疲劳。眼睛疲劳的自觉症状有眼球干涩、怕光、眼痛、视力模糊、眼球充血、产生眼屎和流泪等，眼睛疲劳还会引起视力下降、眼球发胀、头痛以及其他疾病而影响健康，乃至工作失误甚至造成工伤。

4. 影响工作效率

改善环境照明条件不仅可以减少视觉疲劳，而且也会提高工作效率。适当的照明可以提高工作速度和精确度，从而提高工作效率，达到减少差错、增加产量、提高产品质量的效果。舒适的光线条件，不仅对手工劳动，而且对要求紧张的记忆、逻辑思维的脑力劳动，都有助于提高工作效率。如图 4-10 所示为一个精密加工车间不同照度值对生产率、视疲劳的影响关系。可以看出，随着照度值由 370lx 逐渐增加，劳动生产率随之增长、视觉疲劳逐渐下降，这种趋势在 1200lx 以下很明显。关于照明对工作的影响有过许多研究，一般认为在临界照度值以下，随着照度值增加，工作效率迅速提高，效果十分明显；在临界照度值以上，增加照度对工作效率的提高影响很小，或根本无所改善；当照度值提高到使人产生眩光时，会降低工作效率。

表 4-6 是日本照明学会关西分会就改善照明的效果的调查结果。

5. 影响安全生产

在进行作业的过程中，造成生产事故的因素是多方面的，其中照度不足是诱发事故的重要

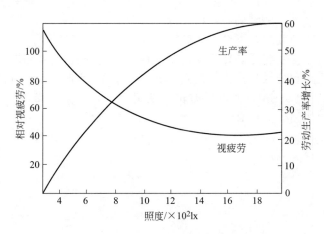

图 4-10　生产率、视疲劳与照度的关系

因素之一。根据有关方面测定，在我国的大部分地区，由于 11 月、12 月、1 月的白天很短，工作场所人工照明时间增加，和天然采光相比，人工照明的照度值较低，故在冬季利用天然采光的作业环境事故率是最高的。图 4-11 表示了一年中各月份事故次数与照明的关系。

表 4-6　改善照明所产生的效果的实测

工　　种		照度/lx		改　善　效　果	
		改善前	改善后	项目	效果/%
合成纤维精纺室		160	230	产量增加	0.08
机械厂	机械加工	40	180	产值增加 工作损失费减少	4.2 7.9
	机械装配	30	170	产值增加 工作损失费减少	12.2 1.3
自动售货机的零件制造		150～300	250～500	提高生产率 有关差错减少 工伤事故减少	9.5 5.0 66.6
机械用仪表厂		100	300	产量提高 出勤率提高	15.0 30.0
电度表组装、修理、检查		原工厂平均 430	新工厂平均 720	生产件数增加 不合格率减少 出勤率提高	8.2 3.0 2.8

　　事故的数量还与工作场所的照明环境条件有关系。如果作业环境照明条件差，操作者就不能清晰地看到周围的东西和目标，在操作时产生差错而导致事故发生。如图 4-12 所示是照明与事故发生率的关系，图中表示仅照度由 50lx 提高到 200lx 时，工伤事故率、差错率、缺勤率降低情况。

　　总之，改善作业环境的照明，可以改善视觉条件，提高人们的视觉敏度、速度和精度，节省工作时间；减少废品，提高工作质量；避免眼力的紧张，减缓视力疲劳，进而达到减少事故和安全生产的目的。

三、作业场所的环境照明

1. 照明方式

　　工业企业的建筑物照明，通常采用三种形式，即自然照明、人工照明和两者同时并用的混合照明。人工照明按灯光照射范围和效果，又分为一般照明、局部照明、综合照明以及特

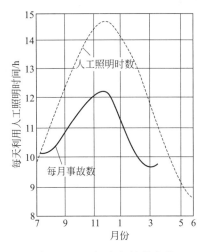

图 4-11　一年中各月份事故
次数与照明的关系

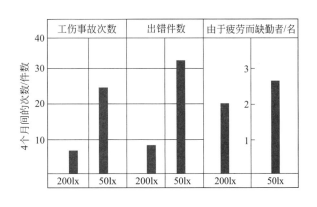

图 4-12　事故发生率与照明的关系

殊照明等方式。照明方式影响照明质量，关系到投资及费用支出。选用何种照明方式，与工作性质及工作点分布疏密有关。

（1）一般照明　一般照明又叫整体照明，是一种不考虑局部照明的照明方式。在整个车间（或厂房）内以大致相同的照度来进行照明，所以照度较为均匀，作业者的视野亮度一样，视力条件好，工作时心情愉快，但耗电较多、不经济。一般照明相对于局部照明，其效率和均匀性都比较好，适用于作业点密集的场所或作业点不固定的场所。

（2）局部照明　局部照明方式通常是将光源靠近操作面安装，可以保证工作面有充足的照度，故耗电量少，但照明的光线不均匀。当操作人员的视线由工作面转移到其他地方时，亮度变化较大，得有一个适应过程，所以要注意避免眩光和周围变暗造成强对比的影响。当对工作面照度要求不超过 30～40lx 时，不必采用局部照明。

（3）综合照明　综合照明是指由一般照明和局部照明共同构成的照明。其比例近似1∶5为好。若对比过强则将使人感到不舒适，对作业效率有影响。对于较小的工作场所，一般照明的比例可适当提高。综合照明是一种最经济的照明方式，常用于要求照度高，或有一定的投光方向，或固定工作点分布较稀疏的场所。

（4）特殊照明　特殊照明是利用不同性质的光束帮助人们观察操作面的照明方式。这种照明方法适用于不容易观察的操作或用以上各照明方式难以达到预期效果而采用的方式。这些照明将根据各自的特殊要求选取光源。表 4-7 列举了特殊照明器具的配置和观察操作的内容。

照明配光方式按照光源发光方向可分为直接、半直接、全面扩散、半间接、间接照明五种，见表 4-8。

2. 照明光源

室内采用自然光照明是最理想的。因为自然光明亮柔和，是人们所习惯的，光谱中的紫外线对人体生理机能还有良好的影响。在设计中应最大限度地利用自然光。但是，自然光受昼夜、季节和不同条件的限制，因此在生产环境中常常要用人工光源作补充照明。人工光源中一般采用白炽灯、荧光灯、荧光高压汞灯、长弧氙灯、高压钠灯及金属卤化物灯等。

（1）白炽灯　白炽灯的光线呈橙黄色，具有使用简便和显色性温暖等特点，光色较为柔和，可见度和显色性良好，适应性较强，特别适合于室内，但效率和寿命等比别的灯种要差一些，同时黑与紫、白与黄等色在白炽灯下较难辨认。在实际照明中，白炽灯一般适合于照度在 500lx 以下。

表 4-7　特殊照明器具的配置和观察操作内容

序号	配置例	说　　明	观　察　操　作
1		防止由反射产生耀眼的安装位置	(1)白纸上墨水及铅笔的痕迹 (2)金属刻度盘上的刻度 (3)汽车车身上的打蜡痕迹 (4)仪器类的刻度板 (5)铸件上的砂或铸件的孔洞
2		使反射光进入视角内的安装位置	(1)无光泽的金属板上的冲标记或损伤 (2)金属刻度盘上的刻度 (3)铸件表面的划线 (4)铸件上的砂或铸件的孔洞 (5)选煤(相对无光泽的矸石而使煤炭发光)
3		对操作面来说,使光的入射角变小的安装位置突出表面凹凸的方法	(1)原坯瓷砖表面的损伤 (2)乳白色玻璃球(鉴定均一性) (3)铸件上的砂子及铸件的孔洞
4		用大面积的光源将形象反射到视野的安装位置	(1)形变压痕,不平的表面 (2)损伤,冲标记,划线 (3)电镀后的精加工检查 (4)乳白玻璃球(表面的不规则检查) (5)铸件表面的划线
5		用漫射光源透过照明的方法	(1)瓶或玻璃器皿(空的或透明液体的器具容易见到异物或裂痕) (2)灯罩(看到材料中的缺陷) (3)毛玻璃,乳白玻璃,塑料(可清楚见到材料中的细部)

表 4-8　照明配光方式

国际分类		直接照明	半直接照明	全面扩散照明	半间接照明	间接照明	
配光	向上/%	0	10	40	60	90	100
	向下/%	100	90	60	40	10	0
	配光曲线						
电灯或水银灯		埋入式　金属反射伞　金属伞 	玻璃灯罩 	玻璃灯罩 	半透明反射 	不透明反射 	
荧光灯		埋入反射伞　金属反射伞 	玻璃灯罩 			间接遮光式 	

（2）荧光灯　常见三种普通型荧光灯的光色分别为：自然光色（白昼光色）、白色和温白色（柔白色）。其中白色荧光灯光色的寒冷感比自然光色型的荧光灯弱，应用较为广泛；温白色荧光灯光色接近于白炽灯，一般用于夜间照明，但被照射物体的色彩不可避免地有着红中带黑、紫中带蓝的现象存在。改善型荧光灯增加了红色的显色，虽比普通型荧光灯发光效率低些，但其显色性能却得到了改善。一般来讲，荧光灯耗电少、寿命长，而且不太耀眼，这些都比白炽灯优越。

（3）荧光高压汞灯　荧光高压汞灯整个光色显示出带蓝绿的白色。由于其具有高亮度、长寿命和高效率等优点，一般适用于室外广阔的场所，如园、庭院、道路等。在室内一般适用于顶棚较高、色彩简单的工厂和体育馆等。

（4）长弧氙灯　长弧氙灯具有很好的显色性，与日光（昼光）的分布很相似，所以常常把它作为标准光源。

（5）高压钠灯　高压钠灯所发出的光线几乎是单色的，其显色性很差，所以不适于室内照明。高压钠灯的发光效率却很高并且能透过烟雾照亮物体，因而适用于道路照明，也可用于探伤检查。

3. 光源色

在环境照明中，选择和应用照明光源的颜色是很重要的。美国一位心理学家曾经进行过这样的一次试验：首先让一批工人在普通灯光下作业，测出的成绩为 22 点；改用黄-绿色光源照明成绩上升为 28 点；改用黄色光源则上升为 30 点。这一试验充分说明了理想的光源颜色对于提高工作效率的重要性。

首推的照明光源颜色为黄色，因为黄色在光谱中处于最明亮的部位，而且它对于眼睛来讲没有色相差。所谓色相差是指不同的色光通过眼睛晶体有着不同的折射率，致使聚焦在不同的平面上（如紫光聚焦在视网膜的前面，红光聚焦在视网膜后面），造成影像不够清楚的现象。而黄色光对于正常聚焦的眼睛来说是最合适的色光。不但如此，这种光会令人们心情愉快。

除黄色光源外，其次为橙-黄，再次为黄-绿和绿。深红、蓝和紫色是不理想的。事实上，蓝色照明对人眼的聚焦是比较困难的，而且会使物体看上去模糊不清，似乎围有许多光晕。

不过，红光对于暗适应的眼睛几乎没有什么影响。在完全暗适应的情况下，眼睛在红光下似乎具有最大的视敏度。因而红光照明已经广泛地用于飞机座舱内的仪表板、轮船和潜水艇的操纵室里。另外，红光作为一般灯光熄灭后的照明是理想的，因为它不会影响暗适应视觉。

光照的这种性质是由光的色表和显色性决定的。色表是光源所呈现的颜色，如太阳光呈白色；荧光灯呈日光色；荧光高压汞灯呈蓝绿色等。当不同光源照射到同一种颜色的物体上时，该物体将呈现真实程度不同的颜色，有的失真，有的不失真，这种现象称光的显色性。显色性用显色指数表征，以显色性最好的日光为标准，定其显色指数为 100，其他光源的显色指数均小于 100。

四、作业场所的环境照明设计

1. 设计的基本原则

照明的目的大致可以分为，以功能为主的明视照明和以舒适感为主的气氛照明。作业场所环境照明设计，在任何时候都应遵循工效学原则。作业场所的光环境，明视性虽然重要，而环境的舒适感，心情舒畅也是非常重要的。前者与视觉工作对象的关系密切，而后者与环境舒适性的关系很大。为满足视觉工作和环境舒适性的需要，照明环境的设计应考虑以下几项主要要求。

（1）亮度和照度 在同一环境中，亮度和照度不要过高和过低，也不要过于一致而显得单调；满足合理的照度平均水平，各种作业环境均满足其照度标准，并考虑视功能随年龄增长而下降的情况。

（2）光源光线方向 光源光线应照射物体或物体的附近，只让反射光线进入眼睛，以防止晃眼；光线不要直接照射眼睛，避免产生眩光。

（3）光源光色 光源光色要合理，光源光谱要有再现各种颜色的特性；使照明和色相协调，让气氛令人满意。

（4）成本 创造理想的照明环境不能忽视经济条件的制约，因而必须考虑。

2. 照明方式及光源的选择

在进行照明规划和设计时，首先需要考虑光源的各种特性。理想的光源一般应具备光通量大、效率高、寿命长、光度的衰减随距离的变化小、显色性好和价格低廉等特点。在选择照明方式如光源时应注意，最好在视野的范围之内不要有高亮度光源存在，因为视野内高亮度的光源存在会干扰眼睛调节机制的控制，从而使眼睛迅速疲劳，甚至丧失了看清东西所必需的持续精细的调节能力。

在选择照明的光源时，还需根据不同作业场所的特点和要求来进行。

① 对于识别颜色要求较高的场所，最好采用日光色荧光灯或白炽灯和卤钨灯。

② 对于频闪效应影响视觉效果、照明开关频繁、需要防止电磁干扰等场所，可以采用白炽灯或卤钨灯。

③ 对于振动较大的场所，宜采用荧光高压汞灯或高压钠灯。

④ 对于需要大面积照明的场所，可采用（有高挂条件的）长弧氙灯或金属卤化物灯。

⑤ 在同一场所内，如果一种光源的光色不能满足作业要求时，可采用两种或两种以上的光源混光来解决。

3. 照度

自然光对生产操作是有利的，因为光线质量好、经济，且照度大，室外的照度高达4500lx。但自然光照射下的照度和日照时间是随季节变化的，一日之中，也随时间的推移而变化。表4-9为几种环境中自然光的照度。然而，人们的作业时间是固定的。在作业时间内，最好根据作业种类保持最低照度，并维持在不发生视觉疲劳的程度上。但是，在阴、雨天要达到这个最低照度是困难的。通常是尽可能地多采光，当作业面照度不足时，再用人工照明补充。

表 4-9 几种环境下自然光的照度

环境条件	黑　夜	月　夜	阴天室外	晴天室内	读书需要的照度
照度/lx	0.001～0.02	0.02～0.2	50～500	100～10000	50

在采用人工照明时，要求被照空间的照度均匀或比较均匀，照度均匀的标志是：场内最大、最小照度分别与平均照度之差小于等于平均照度的1/3。如果工作台面上的亮度很不均匀，当作业者的眼睛从一个表面转移到另一个表面时，将发生明适应或暗适应过程，这不仅使眼睛感到不舒服，而且视觉能力还要降低，如果经常交替适应，必然导致视觉疲劳，使工作效率降低。

照度均匀主要从灯具的布置上来解决，另外注意边行灯至场边的距离保持在 $L/2～L/3$（L 为灯具的间距）。如果场内，特别是墙面反光系数太低，还可将灯至场边距离减小到 $L/3$ 以下。对于室外照明，照度均匀度可以放宽要求。

各种不同区域作业和活动的照度范围值应符合表4-10的规定。一般采用该表每一照度范围的中间值。当采用高强气体放电灯作为一般照明时，在经常有人工作的场所，其照度值不宜低于50lx。

表4-10 各种不同区域作业和活动的照度范围

照度范围/lx	区域作业和活动类型	照度范围/lx	区域作业和活动类型
3~5~10	室外交通区	300~500~750	中等视觉要求的作业
10~15~20	室外工作区	500~750~1000	相当费力的视觉要求的作业
15~20~30	室内交通区、一般观察、巡视	750~1000~1500	很困难的视觉要求的作业
30~50~75	粗作业	1000~1500~2000	特殊视觉要求的作业
100~150~200	一般作业	>2000	非常精密的视觉作业
200~300~500	一定视觉要求的作业		

我国的照度标准是以最低照度值作为设计的标准值。标准规定生产车间工作面上的最低照度值，不得低于表4-11所规定的数值。

表4-11 生产车间工作面上的最低照度值

识别对象的最小尺寸 d/mm	视觉工作分类		亮度对比	最低照度/lx	
	等	级		混合照明	一般照明
$d \leqslant 0.15$	I	甲	小	1500	
		乙	大	1000	
$0.15 < d \leqslant 0.3$	II	甲	小	750	200
		乙	大	500	150
$0.3 < d \leqslant 0.6$	III	甲	小	500	150
		乙	大	300	100
$0.6 < d \leqslant 1.0$	IV	甲	小	300	100
		乙	大	200	75
$1 < d \leqslant 2$	V			150	50
$2 < d \leqslant 5$	VI				30
$d > 5$	VII				20
一般观察生产过程	VIII				10
大件贮存	IX				5
有自行发光材料的车间	X				30

注：1. 一般照明的最低照度通常是指距墙1m（小面积房间为0.5m）、距地为0.8m的假定工作面上的最低照度。

2. 混合照明的最低照度是指实际工作面上的最低照度。

3. 一般照明是指单独使用的一般照明。

由于视觉工作对象的正确布置及其如何变化通常难以预测，因而希望工作面照度分布相对比较均匀。在全部工作平面内，照度不必都一样，但变化必须平缓。因此，对工作面上的照度分布推荐值如下：局部工作面的照度值最好不大于照度平均值的25%；对于一般照明，最小照度与平均照度之比规定为0.8以上。

此外，提高照明质量还应考虑照度稳定。在设计上保证使用过程中照度不低于标准值，既要考虑光源老化，房间和灯具污染等因素，适当增加光源功率，还要注意使用中的维护。

4. 亮度

在作业环境中，作业面与周围环境的亮度应大致平衡。从工作方面看，亮度分布比较均匀的环境，使人感到愉快，动作变得活跃。在视野内存在不同亮度，就迫使眼睛去适应它，如果这种亮度差别很大，就会使眼睛很快疲劳。如果只是工作面明亮而周围较暗时，动作变得稳定、缓慢。

但是亮度不必过于均匀，工作和周围环境应存在明暗对比的反差、柔和的阴影，形成足够的反差，这样作业者容易分辨前后、深浅、高低和远近，能够大大增强工作的典型性，同时心理上也会感到格外的满意。如果把所有空间都弄成一样的亮度，不仅耗电多，而且会产生单调感和漫不经心的感觉。因此，要求视野内有适当的亮度分布，既能造成工作处有中心感的效果，有利于正确评定信息，又使工作环境协调，富有层次和愉快的气氛。

5. 避免眩光现象

有研究表明，做精细的工作时，眩光在 20min 之内就会使差错明显增加，工效显著降低。为了防止和减轻眩光对作业的不利影响，应采取的主要措施如下。

（1）限制直接眩光

① 限制光源亮度　当光源亮度大于 60sb 时，无论亮度对比如何，都会产生严重的眩光。对眩光光源应考虑用半透明或不透明材料减少其亮度或遮住直射光线，以提高光的漫射性能，使灯光柔和。例如，当白炽灯灯丝亮度达 300sb 以上，应考虑玻璃壳内表面磨砂，或在其内表面涂以白色无机粉末，以提高光的漫射性能，使灯光柔和，或用几个低照度灯具代替一个大的高照度的灯具。

② 减小窗户眩光　室内外遮挡以降低窗亮度或减少天空视域；工作人员的视线不宜面对窗口；在不降低采光窗数目的前提下，宜提高窗户周围表面的反射比和亮度。

（2）控制反射眩光

① 合理布置光源　应尽可能将眩光光源布置在视线外的微弱刺激区，采用适当的悬挂高度和必要的保护角，光源在视线 45°范围以上眩光就不明显了；另一种办法是采用不透明材料将光源挡住，使灯罩边沿至灯丝连线和水平线构成一定角度（称为保护角），最好为 45°，至少也不应低于 30°。

② 合理安排工作人员的工作位置　不应使光源工作面上的反射光射向工作人员的眼睛，若不能满足上述要求时，则可采用投光方向合适的局部照明。

③ 合理选用工作面材质　工作面宜为低光泽度和漫反射的材料。

④ 采用大面积和低亮度的灯具　采用高反射比的无光泽饰面的顶棚、墙壁和地面，顶棚上宜安装带有上射光的灯具，以提高整个顶棚的亮度。

（3）控制对比眩光　适当提高环境亮度，减少物体亮度与背景亮度对比，防止产生对比眩光。

6. 光源色

讲究照明和颜色的协调是创造舒适照明环境的关键。但对于视觉环境来说，只强调舒适性是不够的，还要针对使用对象来确定照明和颜色的氛围。

采用人工照明方式时，应注意光源光谱成分，使其尽可能接近自然光。平常人们看到机器、设备等的颜色是在自然光源照明下呈现的，而各种照明光源都有不同的固有颜色，同时由于人眼对不同颜色光谱具有不同的敏感度，因此，在采用人工光源照明时，机器、设备等的色彩就会有所不同，如同人戴上有色眼镜看东西一样，要产生色变。表 4-12 是不同光照色下物体色产生的变化。

表 4-12　物体色与光照色的关系

物体的颜色	光照的颜色			
	红	黄	天蓝	绿
白	淡红	淡黄	淡蓝	淡绿
黑	红黑	橙红	蓝黑	绿黑
红	灿红	亮红	深蓝红	黄红

物体的颜色	光照的颜色			
	红	黄	天蓝	绿
黄	红 橙	灿淡橙	淡红棕	淡绿黄
天蓝	红 蓝	淡红蓝	亮 蓝	绿 蓝
蓝	深红紫	淡红紫	灿 蓝	深绿蓝
棕	棕 红	棕 橙	蓝 棕	深橄榄棕

第三节　色 彩 调 节

颜色是物体的一个属性，在人-机界面上，人们可以通过颜色视觉从外界获得各种不同的信息。大量实践证明，颜色不是可有可无的装饰，而是一种可以利用的管理手段。进行色彩调节就是巧妙地利用颜色，合理选择色彩，使工作场所构成一个良好的色彩环境，形成好的气氛，增加舒适感，有助于提高工作效率，减少或避免差错，提高人对信号、标志的辨别速度，并且可以加快恢复人的视觉能力，减少疲劳等。

一、色彩的基本特性

颜色具有色调、明度、彩度三个基本特性。

1. 色调

色调是色彩的相貌，指颜色所具有的彼此相互区别的特性，取决于进入眼内的辐射光源的波长，是物体颜色在质方面的特征。人眼能分辨出大约 160 种色调。

2. 明度

明度是色调的亮度特性，指颜色的明暗程度，是物体颜色在量方面的特征。明度的感觉还与背景对比有关系，例如，把灰色的对象物分别放在黑色背景与白色背景下，会发现在白色背景下的对象物看起来比黑色背景下的暗。

明度分为 11 级，理想的黑定为 0，理想的白定为 10。在心理上，颜色明度大于 6.5 就给人明亮的感觉，而小于 3.5 时则给人阴暗的感觉。在工作场所，天花板的明度应以 7.5 为宜，工作面上的明度应为 8 左右，机器设备的明度为 5～6，这样的设计可使人清新明快，赏心悦目。

3. 彩度

彩度也叫饱和度、纯洁度，是指颜色的鲜明程度，即色调的表现程度。波长越单一，颜色也就越纯和、越鲜艳。光的颜色完全饱和很少见到，只有纯光谱的各种颜色彩度最大。

颜色的三个特性中，只要其中一项发生变化，颜色即起变化。对于无彩色系列（指黑、白和各种灰色，即由黑到白的黑白系列），只能根据明度的差别来辨认，而对于彩色系列（指除黑、白、灰以外的所有颜色）则可以从色调、明度和彩度三个特性来辨认，这种差异有利于提高人们识别物体的能力。例如，对信号灯进行颜色编码，可以提高识别能力、防止误读，使得判断正确而可靠。

二、色彩对人体及工作的影响

色彩可以引起人的情绪性反应，也影响人的行为。产生这种反应的原因，一是人的先天因素；二是人体过去经验的潜意识作用。

1. 对人体生理的影响

色彩的生理作用主要表现在对视觉工作能力和视觉疲劳的影响。由于人眼对明度和彩度的分辨力差，在选择色彩对比时，常以色调对比为主。单就引起眼睛疲劳而言，蓝、紫色最甚，红、橙色次之，黄绿、绿、绿蓝等色调不易引起视觉疲劳且认读速度快、准确度高。

由于视觉存在游移性，在视线转移过程中，明度差异过大，则要进行明暗适应与调节，这无疑会加大视觉疲劳。因此，要使工作环境中的色彩明度保持均匀一致。彩度高的颜色给人眼以强烈的刺激感，因此在作业场所的各危险部位、危险障碍的色彩应具有较高的彩度。

眼睛对不同颜色光具有不同的敏感性。对黄色较为敏感。因此用作警戒色。在工厂车间里危险部位涂黄色或黄黑、黄蓝相间的颜色最适宜。据研究认为：黑底黄色最易辨认。

色彩对人体其他机能和生理过程也有影响。例如，红色色调会使人的各种器官机能兴奋和不稳定，有促使血压升高及脉搏加快的作用；而蓝色色调则会抑制各种器官的兴奋使机能稳定，起降低血压及减缓脉搏的作用。眼睛最忌紫色系，工作场所宜多采用绿黄色系。

2. 对人体心理的影响

色彩不仅在艺术上是不可缺少的，而且许多科学家还发现色彩具有一些奇异的效应，虽然这些机理目前还未弄清，但这些效应早已为人们深深感觉到了。颜色有以下心理作用。

（1）冷暖感　颜色能引起或改变温度感觉。通常人们把红、橙、黄等颜色称为暖色系。认为它们有温暖感。蓝、青、绿等颜色称为冷色系，它们给人寒冷感。黄绿色与紫色为其中间色，使人感到冷热不定。彩度高的颜色给人温暖感强，彩度高的冷色给人以冷感强。

（2）兴奋和抑制感　暖色系的色都给人以兴奋感，冷色系的色都给人以沉静感，而且这种感觉与色调、明度、饱和度三要素都有关系，尤其是彩度影响最大。暖色或冷色的彩度越高，其兴奋或沉静的作用越强烈，反之则越小。兴奋的颜色，可以激发人的感情，使人情绪饱满，精力旺盛。而沉静的颜色，则可抑制人的情感，使人沉静地思考和安静地休息。

（3）前进后退感　几种颜色在同一位置时有的感到近些，有前进感；有的感到远些，有后退感。暖色系的红、黄、橙色及它们的中间色是前进色，而冷色系的绿、蓝、青色是后退色。如在室内涂上冷色调，则会使人感到宽敞。在色彩设计中，经常利用色的进退感，创造色彩的层次，以丰富色彩，加深人们的印象。

（4）轻重感　色彩给人心理感觉上带来的轻重感也是常见的。色的这种重量感，主要由明度来决定，一般明度高的感觉轻，明度低的感觉重。明度相同，彩度高的比彩度低的感到轻，而暖色又比冷色显得重。例如机械上的把手等经常涂以明色，可使操作人员有轻快的感觉。

（5）轻松和压抑感　颜色的明度会影响人的情绪。例如明度高的颜色会使人产生轻松、自在、舒畅的感觉，明度低的暗色会使人产生压抑和不安的感觉。非彩色的白色和其他纯色组合时感到活泼，而黑色感到忧郁。

（6）软硬感　有的颜色给人以柔软感，有的则给人以坚固感。色彩的这种软硬感主要由明亮度决定。明度高的颜色感觉软，深暗的颜色感觉硬，而彩度方面则是中等彩度的色感柔软，高彩度或低彩度都有坚固的感觉。非彩色的白色和黑色是坚固色，而灰颜色是柔软色。

3. 对工作安全的影响

色彩的心理、生理作用，造成色彩与安全和情绪的特殊作用。如何利用颜色构成良好的色彩环境，使工作场所变得清新、洁净，使人感到心情舒畅，精神振奋，从而保障安全提高工作效率，是一个值得重视的课题。

研究表明，对那些光线不足，或者易使人感到冷落、闭塞的车间，涂白色、淡黄、蓝绿色可改变照明效果，造成明朗气氛。如在食品厂、药厂、精密仪器工厂采用明快的色调，则可增加明亮度和清洁感。在温度较高的车间，涂草绿、淡蓝、淡青一类的冷色彩，会使人有凉爽感。而对那些温度较低的场所，涂以朱红色一类暖色，则可使人产生暖热感。在多噪声的车间涂绿色、紫罗兰等颜色，则可增加环境的安静感。在某些车间里，由于机器不停地转动，机件来回运动，明、暗快速变换。对于这种对比强烈及颜色快速变换的情况，会使人眼花缭乱，精神紧张而感到疲劳。为改变这种环境状况，可在那些运动着的部件上，涂上色调一致、和谐的色彩，使阴暗色彩对比不那么强烈，因此可减轻人的视觉器官的疲劳。

色彩可用来预防生产事故。如工厂里一些危险品、重要开关、报警信号灯等，一般都采用红色作标志，这是因为红色光波在空气中传播距离最远，易于被人发现，这样就改善了工作环境的安全条件。因此，规定某种颜色指示某种危险环境，使人对危险的反应成为"自动"的行为，这就是颜色在作业区域的重要编码功能。采用的这些颜色，又可称之为安全颜色。

常用的表示危险和注意的颜色如下：
① 红色表示危险、暂停、停止、火警和火警系统的规定用色；
② 黄色表示小心、注意，为了醒目也常与黑色一起使用，起警告作用；
③ 橙黄色用于防护罩的旋转部分；
④ 绿色表示安全、正常；
⑤ 蓝色主要用来做标志、说明等。

必须注意的是，如果在作业区内使用的颜色太多、太乱，尤其是醒目的颜色也如此使用的话，将使作业区显得不安宁，而且容易分散人的注意力。对于教室、饭店、住房等场所，一般要求只有 3～5 处醒目的颜色即可。对于出入厅、走廊、仓库、洗手间等较短时间使用的地点，颜色可以刺激一些。

三、色彩调节及应用

1. 色彩调节的原则

色彩调节的原则就是最大限度地发挥色彩的功能。当然色彩的调配一般应服从产品、环境的功能。应从多种因素中综合研究考虑，具体分析，进行优选。管理者不仅需要相关的色彩知识，还要对环境、工作地、设备、仪器、器具的性质、特点有所了解，从人的生理、心理要求去分析问题。改进色彩管理，体现人本管理的思想。

通过色彩调节，可以得到如下效果：增加明亮程度，提高照明设备的利用效果；标识明确，识别迅速，便于管理；注意力集中，减少差错、事故，提高工作效率和质量；赏心悦目，精神愉快，减轻视力疲劳和全身疲劳；环境整洁、明朗、层次分明，有美感，提高劳动积极性。

2. 工作场所用色

工作场所的色彩调节是一个将零零散散的不同色调，整合为协调、划一又具有一定意义的颜色系列，这是一个系统的安排。在配置时要考虑两点：其一，整个布置是暖色还是冷色；其二，要有对比，并能产生适当、协调、渐变的效果。如法国有一家工厂的冲压车间，吸音的天花板为乳白色，墙壁为天蓝色贴面，柱子为浅咖啡色，设备是从上至下渐深的黄绿色，整个车间是冷色调，令人感到安静、稳定、祥和、舒适、分明、美观又协调一致。

(1) 总体色调　凡是物体配色，都应考虑主色调和辅助色，色彩的效果往往是由主色调决定的，主要分以下几种情况。

① 暖色和高彩度为主的布置，给人以刺激感；冷色和低彩度为主的布置，给人以沉静感。

② 明度值高的色为主则明亮，有活力感；明度值低的色为主则暗淡，有庄重感。

③ 用对比色配色则活泼；用相似色配色则稳健。

④ 使用的色调多，感到热闹，少则清淡。

如室内的配色一般应以白、乳白、米黄、天蓝、浅蓝、粉绿和浅灰等为基本色。对于从事手工作业的工厂车间（如机械厂），可以涂刷明度大的象牙色和淡绿色等。对于工作费神、较为细致的车间，涂刷灰色、绿色、黄褐色、珊瑚色等较为适宜。

墙壁主部（一般指墙根到桁架或底梁水平线）的用色可根据不同的工种采用不同的颜色。办公室、工厂的车间等应避免使用纯白色，因为纯白色会使工作人员不容易把精神集中在某一事情上，会使眼睛的瞳孔缩小，同时还会产生使眼睛疲劳的眩光。另外，过红、过黄等刺激性强的颜色也应尽量避免使用，这些刺激性强的颜色也可引起一些眩光，容易使人烦躁和视觉疲劳。

（2）重点部位配色　应比其他部位更易使人注意，要选用强烈的色彩。

（3）平衡配色　所谓平衡，就是匀称、均衡。比如墙裙的用色从给予室内安定感以及墙裙容易沾污等来考虑，用浓一点的颜色为好，如暗茶色等。

（4）渐变配色　指呈阶梯形的逐渐变化的多色配合，如强、中、弱三色，按强中弱或弱中强顺序排列，就是色的渐变，有明度渐变、彩度渐变及组合渐变等几种方式。如从顶棚到墙壁至地板宜用亮度逐渐降低的颜色，以造成稳定的感觉。

（5）对比配色　利用色调的差异、明度的深浅、彩度的高低、面积的大小和位置的变化等，以显示对比配色。如有的墙壁涂上、下两种颜色，则上墙的颜色用浅明色，下墙的颜色可深一些。一般情况下，顶棚应刷以反射率强的纯白色以增强明快感，使顶棚变高的感觉。

（6）背景与图形的配色　图形能否看清，关键在于与背景的对比度。明亮鲜艳的图形面积要小，暗淡的图形面积宜大。但图形色应比背景明亮。厂房或工作间配色，总的要求是明亮、和谐、美观、舒适。除了富有代表意义外，还应着重考虑光线的反射率，以提高照明装置的效果。比如对于面部总是朝一个方向从事较为细致工作的场所，应刷以蓝色、红褐色等柔和而又暗淡的颜色。这种颜色的墙壁，不会反射明亮的光线而使瞳孔收缩，也不会转移注意力。即使偶尔眼睛对着墙壁也不会受到刺激，当眼睛再回到工作面上时，视力也不会减弱。

3. 机器设备用色

机器设备配色在厂房竣工进行室内装饰时就应同时考虑相关问题。机器设备的主要部件、辅助部件、控制器、显示器的颜色应按规范的要求配色，尤其主要部件和可动部分应涂以特殊颜色，使其在机器的一般背景上凸现出来，同时将高彩度配置在需要特别注意的地方。这是"防误"的一个具体措施。

（1）机器的整体色　机器的整体色一般涂以明灰色、淡绿色或蓝绿色等是较为理想的。工厂是易于产生高温的地方，采用这些冷色调是适宜的。另外，灰颜色（亮灰、中灰、暗灰）作为机器的整体色也是一种很好的颜色。根据不同的地点和工作环境而采用亮灰、中灰或暗灰取得的效果也是好的。

机器零件的内表面一般应涂刷浅颜色，这样做可使机体组成构件的装配、检查和调整工作容易些。对于护板、检查孔的内侧表面则应涂刷鲜明色，以便在打开检修时有明显的区别。对于某些附件及工具用不同的颜色标示出来，可使检修容易些。

承重结构的底座和机座多涂刷给人有沉重感的深颜色，而需要减少沉重感的场合则多用明亮的色调。例如，机器的某一部分悬在操作者的头顶上方，这时应涂刷浅明色，如天空的浅蓝色，以减轻机器悬挂在头顶部分对人们的压抑感。

对于工作场所的移动设备（运输机械、起重机、自动装卸车、汽车、电动小车等）的颜色应与一般色调有明显的区别，应涂以黄黑相间的粗条纹，移动时易于识别躲避，以引起人们对这类设备的极大注意。

机器设备用色，尽管在不同的情况下应采用不同的颜色，但是颜色的种类应力求用得最少，在许多场合下，两种或三种颜色就可以获得必要的效果。

（2）机器的局部重点色　机器的局部重点色与其整体色必须有明确的区别。如切削工件的操作面的颜色就必须与其他部分有明显的差别，这样才能使操作人员避免产生如夹指头之类的事故；而非转动的附属设施，如车间内管道、梯子、扶手等应与主机有所区别；显示器应采用亮色，便于认读。

设备中的危险部分和示警部分，可涂成黄色和橙色、红色，但不宜大面积使用，必须将其涂刷在最危险的部位上，这样做比大面积覆盖所产生的效果要好得多。

4. 标志用色

标志作为一种特殊的形象语言，旨在传递信息。颜色编码是这种信息传递的一种重要方式，其含义具有普遍意义，正确选用有利于信息的显示与传递，使人一目了然。在安全用色设计中，规定某种颜色指定某种危险情境，使人对危险的反应成为"自动"的行为，即体现了颜色的编码功能。所采用的这些颜色，又可称为安全色，具体含义如下。

红色表示危险警报，处于特殊情况、有直接危害或要求立即处理的状态。

黄色表示警告，表明条件、参数、状态发生变化，或表明有导致危险的可能性以及表明设备运行的某一临界状态。

绿色表示安全、正常工作状态或停止状态等。

蓝色表示某些参数的特殊作用；此外，蓝色在光信号器上常与其他颜色配合作用。

第四节　噪声环境

噪声是指一切有损听力、有害健康或有其他危害的声响。在生产过程中产生的噪声称之为生产性噪声。

按噪声的时间分布，分为连续声和间断声；声级波动<3dB（A）的噪声为稳态噪声，声级波动≥3dB（A）的噪声为非稳态噪声；持续时间≤0.5s，间隔时间>1s，声压有效值变化≥40dB（A）的噪声为脉冲噪声。

一、噪声对人体及工作的影响

噪声会直接损伤听力、诱发疾病，特别强的噪声还会影响设备正常运转，损坏建筑结构等，其危害是多方面的。

1. 人对声音的主观感觉

人耳是由外耳、中耳和内耳组成。外耳搜集声音刺激，声波的交变压力经外耳推动鼓膜，由鼓膜接收到的振动经听小骨放大后再传递到内耳，最后传递到神经末梢，即把机械性的声能转变成神经能传至大脑，这就是整个听觉过程，形成人对声音的感觉。

实验证明，声音的声压必须超过某一最小值，才能使人产生听觉。因此，能引起有声音感觉的最小声压级称为听阈。但是，声音是由物体的振动所产生，因此，只有当频率在20～20000Hz的声波传入人耳时，才能被人耳所听到。在这个频率范围之外的任何声波都不能被人听到。频率超过20000Hz的称超声波，低于20Hz的称次声波。在作业环境的噪声控制中，把低于300Hz的称低频，300～1000Hz的称中频，1000Hz以上的称高频。

声波的起伏越大则声压越大。能够为人听到的声波不仅要有一定的频率（20～

20000Hz），而且要有一定的声压。声压小于听阈，不能听到声音；声压大于痛阈，只能引起痛觉，也不能听到声音。根据实验，声压约为 $2×10^{-5}$ Pa 时才可听到声音（听阈），声压约为 20Pa 时，就产生震耳声，超过 20Pa 时可使耳朵感觉疼痛，此时的声压数值叫声音的可听高限（痛阈）。平常说话时的声压约为 $0.02\sim0.03$ Pa，汽车行驶时的声压约为 $0.2\sim1$ Pa。由于可听声压的变化范围从 $2×10^{-4}\sim20$ Pa，相差可达一百万倍，如用声压来表示声音的强弱很不方便，故通常采用一个相对值——声压级来表示，单位为分贝，记作 dB。国际上统一把人耳刚刚能听到的声压（即 $2×10^{-5}$ Pa）定为 0dB，并把它作为测量声音的参考基准声压，而痛阈（即 20Pa）则为 120dB。听阈值也存在个体差异，不少人的听觉对于比最小听阈高出 20dB 的声音才能听到。人耳对高频声音比较敏感，对低频声音不敏感，这一特性对听觉避免被低频音的干扰是有益的。人耳最佳的可听频率范围是 $500\sim6000$ Hz。

2. 噪声对人体的生理影响

（1）损伤听力　大量的调查研究表明，如果人们长期在强噪声环境下工作，日积月累慢慢发展可使听力受到损失，造成耳聋。通常，噪声性耳聋是指平均听力损失超过 25dB。在这种情况下，人与人相距 1.5m 进行的正常交谈会有困难，句子的可懂度下降 13%，句子加单音节词的混合可懂度降低 38%。但如果人体突然暴露在极其强烈的噪声环境中，例如 150dB 以上的爆炸声，则会使人的听觉器官发生急性外伤，出现鼓膜破裂、内耳出血、基底膜的表皮组织剥离等症状，形成急性的噪声性耳聋，也称暴振性耳聋，这种声外伤可使人耳即刻失聪。

（2）引发生理机能的不良反应　噪声除了损伤人耳的听力外，对人体的生理机能也会引起不良反应。长期暴露在强噪声环境中，会使人体的健康水平下降，诱发各种慢性疾病。事实上，噪声会引起人体的紧张反应，使肾上腺素分泌增加，引起心率加快，患高血压病、动脉硬化和冠心病的发病率比低噪声条件下工作的人要高 $2\sim3$ 倍。在消化系统方面，在某些吵闹的工业行业中，消化性溃疡的发病率比低噪声条件下要高 5 倍。长期的消化不良将诱发胃肠黏膜溃疡。而对于神经系统，噪声会造成头晕及记忆力衰退，诱发神经衰弱症。

（3）干扰睡眠　睡眠对人体是极重要的，它能使人们新陈代谢得到调节，人的大脑通过睡眠得到充分休息，消除体力和脑力疲劳。一般来说，40dB 的连续噪声可使 10% 的人睡眠受影响，70dB 可使 50% 的人受影响，而突发性噪声在 40dB 时可使 10% 的人惊醒，到 60dB 时，可使 70% 的人惊醒。

3. 噪声对人体的心理影响

噪声对人的情绪影响很大，这种情绪引起强烈的心理作用，其主要表现是烦恼、焦急、讨厌、生气等各种不愉快的情绪，甚至失去理智。烦恼是一种情绪表现，它与噪声级有关。噪声越强，引起烦恼的可能性就越大，但不同地区的环境噪声使居民引起烦恼的反应是不同的，在住宅区，60dB 的噪声即可引起相当多的起诉，但在工厂区，噪声要高一些。此外高调噪声比响度相等的低调噪声更为恼人。间断、脉冲和连续的混合噪声会使人产生较大的烦恼情绪。脉冲噪声比稳定的连续噪声的影响更大，且响度越大影响也越大。同时，由于噪声容易使人疲劳，因此会使相关人员难以集中精力，从而使工作效率降低，这对于脑力劳动者尤为明显。此外，由于噪声的掩蔽效应，会使人不易察觉一些危险信号，从而容易造成工伤事故。

4. 噪声对物质结构的影响

噪声对建筑物、仪器设备的影响与噪声的强度、频谱及其本身的结构特性密切相关。在冲击波的影响下，建筑物会出现门窗变形、墙面开裂、屋顶掀起、烟囱倒塌等破坏，若达到 140dB，轻型建筑物就会遭受损伤。此外剧烈振动的振动筛、空气锤、冲床、建筑工地的打桩和爆破等，也会使振源周围的建筑物受到损害。噪声对于仪器设备的影响，当噪声级超过

135dB 时，仪器的连接部位会出现错动，引线产生抖动，微调元件发生偏移，使仪器发生故障而失效；如果超过 150dB，仪器的元器件可能失效或损坏。

二、噪声标准

在《工作场所有害因素职业接触限值——物理因素》（GBZ 2.2—2007）中规定，每周工作 5d、每天工作 8h，稳态噪声限值为 85dB（A），非稳态噪声等效声级的限值为 85dB（A）。

在《工业企业设计卫生标准》GBZ 1—2010 中规定，非噪声工作地点噪声声级的设计要求应符合表 4-13 所示的规定设计要求。

表 4-13 非噪声工作地点噪声声级的设计要求

地点名称	噪声声级/dB(A)	工效限值/dB(A)
噪声车间观察(值班)室	≤75	≤55
非噪声车间办公室、会议室	≤60	
主控室、精密加工室	≤70	

三、控制噪声的措施

控制噪声污染是通过技术治理手段和行政管理来实现的。采取的技术措施主要从噪声源、传播途径和接收者三个方面着手，并依靠环境噪声污染防治法规进行噪声污染控制管理。

1. 控制噪声的基本原理

噪声对环境的污染和其他环境污染不同，是一种物理性污染，其干扰是局部性的。它在环境中不积累、不持久、没有后效应，也不远距离传输，特别当声源停止发声时，噪声立即消失。所以，控制噪声可以采取技术和管理两方面的一系列措施，前者指治理环境噪声采用的技术手段，后者则包括行政管理法规、条例等。

在任何噪声环境中，声源发出噪声并向外界辐射的过程均包含声源、传播途径和接收者。只有这三者都同时存在，噪声才会对接收者形成干扰，因此从技术角度控制环境噪声就必须从这三个环节去考虑，设法抑制它的产生、传播和对接收的干扰。

（1）从声源上根治噪声 噪声源种类很多，要了解各种声源的性质和发声机理，根据各自特点控制或降低噪声的发生是根本性措施，这也是最积极、最彻底的措施。事实表明，这方面的潜力是很大的。

（2）在声传播途径中控制 这是最常用的方法，因为当机器或工程已经完成后，再从声源上来控制就受到限制了，但从噪声的传播途径上控制却是大有可为、效果明显。控制方法包括隔声、吸声、消声、阻尼减振等技术措施。

（3）对接收者采取保护措施 在某些情况下，噪声特别强烈，在采用上述措施后，仍不能达到要求，或者工作过程中不可避免地有噪声时，一个重要手段就需要从保护接收者角度采取措施，以真正达到环境保护的目标。对于作业者，可佩带护耳器，减少在噪声环境中的暴露时间或在隔声间操作等。对于精密仪器设备，可将其安置在隔声间内或隔振台上。

当然，声源可以是单个，也可以是多个同时作用，传播途径也常不只一条，且非固定不变；接收器可能是人，也可能是若干灵敏设备（如电子显微镜、激光器、灵敏仪器等），对噪声的反应也各不相同。所以，在考虑噪声问题时，既要注意这种统计性质，又要考虑个体特性；既要对以上三部分分别进行研究，又必须把这三部分作为一个整体综合来考虑。

2. 控制噪声的基本原则

控制噪声的目的，就是要根据实际需要和可能性，用最经济的办法把噪声限制在某种合适的范围内，采取的每一项控制措施都必须从环境要求、技术实施、经济条件等多方面进行综合考虑。所以，控制方案的设计一般应坚持科学性、先进性和经济性的原则。

（1）科学性　首先应正确分析发声机理和声源特性，是空气动力性噪声、机械噪声或电磁噪声；还是高频噪声或中低频噪声，然后确定针对性的相应措施。

（2）先进性　这是设计追求的重要目标，但应建立在有可能实施的基础上。控制技术不能影响原有设备的技术性能，或工艺要求。

（3）经济性　经济上的合理性也是设计追求的目标之一。噪声控制的目标是达到允许的标准值，但随着社会经济、技术的发展，国家制定标准有其阶段性，所以必须考虑当时在经济上的承受能力。

3. 控制噪声的基本工作程序

（1）调查噪声源　现场调查的重点是了解现场的主要噪声源及其产生的原因，同时弄清噪声传播的途径，以供在研究确定噪声控制措施时，结合现场具体情况进行考虑，或者加以利用。根据需要可绘制出噪声分布图，这样可以使各处噪声的分布一目了然。

（2）确定减噪量　把调查噪声源的资料数据与各种噪声标准（包括国家标准、部颁标准及地方或企业标准）进行比较，确定所需降低噪声的数值〔包括噪声级和各频带声压级所需降低的噪声（dB）〕。一般说来，这个数值越大，表明噪声问题越严重，采取噪声控制措施越迫切。

（3）确定噪声控制方案　减噪量确定后，确定控制噪声的实施方案。在确定具体方案时，要进行方案比较，既要考虑降噪效果，还要兼顾投资多少、是否影响工人操作及设备正常运行效率等因素；要抓住主要的噪声源，否则，即使所采取的措施再精细、再完善，也很难取得良好的降噪效果。控制措施可以是单项的，也可以是综合性的。措施确定后，要对声学效果进行估算，有时甚至需要进行必要的实验，避免盲目性。

4. 工业企业噪声控制一般方法

工业企业噪声因声源位置相对固定，持续发声时间又长，所以对周围环境造成的影响往往更加严重。

（1）根治声源　对工业企业噪声，可以通过改进设备结构并选择低噪声设备、改变操作程序或工艺过程、提高机械设备加工精度和装配质量、减少噪声泄漏等方法，使发声体变为不发声体或降低发声体辐射的声功率，可从根本上解决噪声的污染或大大简化传播途径上的控制。

① 改进设备结构并选择低噪声设备　改造设备结构、减少辐射面积，以降低噪声。安静的机械设计的首要法则就是在不损害其运行和结构强度的情况下，尽可能减少噪声辐射的有效表面积。这可通过制造较小的元件、移去过多的材料或除去元件中的开口、沟槽或穿孔部分来实现。

设备的选择，宜采用噪声较低、振动较小者；对一般机械设备，如附有专用降噪装置，应考虑一并选用。制造设备的原料选用发声小的材料，用材料内耗大的高分子材料或减振合金代替一般的钢、铜等金属材料。

② 改变操作程序或工艺过程　在满足生产要求的前提下，采用低噪声工艺，以焊代铆、以液压代冲压、以液动代气动；避免高落差和直接撞击；采用机械化和自动化操作等，均可将噪声降低几十分贝。

③ 提高机械设备加工精度和装配质量　加工精度和装配质量提高了，既能减少偏心振

动，提高机壳刚度，又可有效地避免机器运行中由于机件间的撞击、摩擦，或由于动平衡不好而产生的噪声。

④ 减少噪声泄漏　在很多情况下，通过简单的设计操作，可以极大地减少噪声输出，有效地防止噪声泄漏，减少噪声污染。常用的方法有：填塞所有不必要的孔洞、裂缝，尤其在接合部位；所有贯穿房屋或机器外壳的水电配管，都应该用橡皮垫圈或合适的填充物进行密封；在所有会辐射噪声的开口都要加上盖子，外壳边缘应加上软橡皮垫圈进行密封；排气、冷却或通风用途的开口应安装消声器或声音导管，开口方向要背向操作者和其他人。

（2）控制传播途径　如果由于条件的限制，从声源上降低噪声难以实现时，就需要在噪声传播途径上采取措施加以控制。利用噪声在传播中的自然衰减作用，尽可能缩小噪声的污染面。

在噪声控制设计中，可依据以下步骤和原则进行：

① 分析噪声污染的程度、特征，确定噪声源。

② 针对不同噪声源采取不同的控制方式。

③ 对设备进气口、排气口部位的空气动力噪声可设置消音器、吸声器。

④ 对大型设备的综合噪声可设置隔声间、隔音室。

⑤ 对区域噪声可设置隔声板或隔声墙。

针对工业企业生产中广泛运用的通用机械，常常采用表 4-14 的控制技术措施。

表 4-14　常见工业机械设备控制技术措施

工业噪声源	采取措施	说　明
鼓风机	首先应在进气管道和排气管道上安装消声器	整机减噪 10～20dB
	建立隔声罩，罩座下加隔振器、罩上开口并安装消声器	利于冷气吸入和热气排出
	包扎管道	可减弱风管上辐射的噪声
空压机	选用适宜的进、排气消声器	均可使气流噪声降到 80dB 以下
	设置地下或半地下式的消声坑道	
	整机机组上装隔声罩	进一步阻挡机械和电机噪声
	厂房顶棚分散悬挂吸声体	厂房内噪声可降低 1～3dB，混响时间降低 5～10s
球磨机	采用特制吸声性能良好的橡胶衬板	噪声降低 20～25dB
	若筒体外壳上无螺栓，可在其上紧贴一层橡胶，再加一层玻璃棉或工业毛毡，最外面再包金属壳套，用卡箍紧固在固体上	可降噪 10～15dB，缺点是增加了整机运转负荷，不利于机体散热
	用隔声罩把整个球磨机封闭	噪声降低 20～30dB
电动机	使用向后弯曲形的叶片，或使叶片的长度适当缩短一点	对转速 3600r/min 以上的电机，效果尤其明显
	冷却风扇后面加装消声器，或在基座下加隔振器及设置电机隔声罩等	适用于无法对电动机本身采取减噪措施的情况
泵	主要从泵的设计和制造方面来考虑	工作时严格按照泵额定参数
	采用隔振和设立隔声罩	适用于上述措施无法达到降噪要求的情况

5. 防护接受者

在接受点进行防护，应对噪声环境中的操作人员进行个人防护，改变工作日程，这是一种经济而有效的方法。

（1）保护耳朵、头部　在市场上可以购买到的听力保护装置包括耳塞、防声棉、防声耳罩和防声帽,这些装置可降噪 15~35dB。

① 耳塞　良好的耳塞应具有隔声性能好、佩戴舒适方便、无毒性、不影响通话和经济耐用等特点。但又有容易丢失、不易保持清洁及可能造成外耳道刺激和感染等缺点。耳塞对中高频声有较高的隔声效果,对低频声隔声效果较差。所以,在噪声尖而刺耳的场所,工人戴上防声耳塞,能减轻噪声干扰,又不影响彼此的谈话。戴上合适的耳塞,人耳听到的中高频声可减低 20~30dB。

② 防声棉　有些人戴耳塞感到不适,可使用专用防声棉隔声。防声棉可有效隔绝对人体危害很大的高频声,隔声量随频率增高而增加,一般为 15~20dB,且对人的正常交谈无妨碍。

③ 防声耳罩　良好的耳罩所提供的隔声性能较为稳定,个体间的差异较小,其隔声性能远较耳塞优越,好的耳罩可隔声 30dB 左右,而且可更换耳罩的外围软垫,易于保持清洁,不易丢失。当耳塞和耳罩一并使用时,可以获得最大的效果。不足之处在于,不适于在高温环境下佩戴,隔声效果可受到佩戴者的头发及眼镜等物品的影响。

④ 防声帽　强噪声对人的头部神经系统有严重的危害,为了保护头部免受噪声危害,常戴防声帽。其优点是隔声量大,一般在 30~50dB,不但能隔绝气传导的噪声,还能减轻骨传导噪声对内耳的危害,对头部起到防振及保护作用。隔声效果比耳罩和耳塞更优越,通常用于噪声级特别高的环境和场所,但由于制作工艺复杂、价格较贵等因素,应用范围有限。缺点是体积大、不方便,尤其在夏天或者高温车间,工人戴用会感到闷热,所以只有当噪声特别强时才使用防声帽。

(2) 防护人的胸部　当噪声超过 140dB 以上,不但对听觉、头部有严重的危害,而且对胸部、腹部的器官也有极严重的危害,尤其对心脏,因此,在极强噪声的环境下,要考虑人们的胸部防护。防护衣是用玻璃钢或铝板内衬多孔吸声材料,可以防噪、防冲击声波,以期对胸、腹部的保护。

(3) 改变工作日程　从组织管理上采取轮换作用,缩短工作人员进入高噪声环境的工作时间,也是一种辅助方法。限制连续暴露在高噪声级环境的时间。在听力保护方面,最好是每天短时间、间隔地在强烈噪声环境中工作,而不是连续一两天、每天八小时地工作。

在工业生产的操作中,间歇性的工作日程不但有利于嘈杂设备的操作人员,而且有利于其他邻近的工作人员。如果无法执行间歇性的工作表,也应给予轮班休息的时间,而且在轮班休息时,应该让工作人员呆在低噪声级的地方,不应鼓励员工将轮班休息的时间折算成工资、假期或提早下班等条件。

第五节　有 毒 环 境

所谓有毒环境主要是指作业场所空气中存在职业性接触毒物。这些有毒物质以气体、微粒、蒸气等形态飘浮于作业场所的空气中,随人的呼吸进入人体而危害作业人员的健康,甚至导致职业中毒。因此,必须对有毒环境采取控制措施。

一、环境条件和作业强度对职业性接触毒物毒性的影响

职业性接触毒物对作业人员危害的大小取决于毒物的毒性。任何毒性物质只有在一定的条件下才能表现出其毒性。物质的毒性与物质的浓度、接触时间以及环境的温度、湿度等条

件及作业强度有关。

（1）浓度与接触时间对毒性的影响　作业环境空气中毒性物质的浓度越高，接触时间越长，就越容易引起中毒。在指定的时间内，毒性作用与浓度的关系因物质而异。有些毒物的毒性反应随剂量增加而加快；有些毒物的毒性反应随剂量增加，开始时变化缓慢，而后逐步加快；有些则开始时无变化，剂量增加到一定程度才出现明显的中毒反应。

（2）环境温度对毒性的影响　环境温度愈高，愈促进毒性物质挥发，增加了环境空气中毒性物质的浓度，因此，温度愈高则毒物对人体的危害愈大。

（3）环境湿度对毒性的影响　环境空气中的湿度较高，也会增加某些毒物的作用强度，如氯化氢、氟化氢等在高湿环境中，对人体的刺激性明显增加。

（4）环境中多种毒物的联合作用　在生产环境中，操作者所接触到的毒物往往是多种同时存在。多种毒物联合作用的综合毒性较单一毒物的毒性可以增加，也可以减弱。增强者称为协同作用，减弱者则称为拮抗作用。此外，生产性毒物与生活性毒物的联合作用也比较常见。如酒精可以增强铅、汞、四氯化碳、甲苯、二甲苯、氨基或硝基苯、硝化甘油、氮氧化物、硝基氯苯等的吸收能力。所以接触这类毒物的作业人员不宜饮酒。

（5）劳动强度对毒性的影响　劳动强度对毒物吸收、分布、排泄都有显著影响。劳动强度大能促进皮肤充血、汗量增加，毒物的吸收速度加快。耗氧增加，对毒物所致的缺氧更敏感。同时，劳动强度增大能使人疲劳，抵抗力降低，毒物更容易起作用。

二、有毒环境对人体健康的影响

职业中毒可对人体多个系统或器官造成损害，主要涉及神经系统、血液和造血系统、呼吸系统、消化系统、肾脏及皮肤等。

（1）神经系统

① 神经衰弱综合征　绝大多数慢性中毒的早期症状是神经衰弱综合征及植物性神经紊乱。患者可能会出现诸如全身无力、易疲劳、记忆力减退、睡眠障碍、情绪激动、思想不集中等多种症状。

② 神经症状　如二硫化碳、汞、四乙基铅中毒，可出现狂躁、忧郁、消沉、健谈或寡言等症状。

③ 多发性神经炎　主要损害周围神经，早期症状为手脚发麻疼痛，以后发展到动作不灵活。如二硫化碳、砷或铅中毒，目前已少见。

（2）血液和造血系统

① 血细胞减少　早期可引起血液中白细胞、红细胞及血小板数量的减少，严重时导致全血降低，形成再生障碍性贫血。经常出现头昏、无力、牙龈出血、鼻出血等症状。如慢性苯中毒、放射病等。

② 血红蛋白变性　如苯胺、一氧化碳中毒等可使血红蛋白变性，造成血液运氧功能障碍，出现胸闷、气急、紫绀等症状。

③ 溶血性贫血　主要见于急性砷化氢中毒。

（3）呼吸系统

① 窒息　如一氧化碳、氰化氢、硫化氢等物质导致的中毒。轻者可出现咳嗽、胸闷、气急等症状，重者可出现喉头痉挛、声门水肿等症状，甚至可出现窒息死亡。有的能导致呼吸机能障碍、窒息，如有机磷中毒。

② 中毒性水肿　吸入刺激性气体后，改变了肺泡壁毛细血管的通透性而发生肺水肿。如氮氧化物、光气等物质导致的中毒。

③ 中毒性支气管炎、肺炎　某些气体如汽油蒸气等可作用于气管、肺泡引起炎症。

④ 支气管哮喘　多为过敏性反应，如苯二胺、乙二胺等导致的中毒。

⑤ 肺纤维化　某些有毒微粒滞留在肺部可导致肺纤维化，如铍中毒。

（4）消化系统　经消化系统进入人体的毒物可直接刺激、腐蚀胃黏膜产生绞痛、恶心、呕吐、食欲不振等症状。非经消化系统中毒者有时也会出现一些消化道症状，如四氯化碳、硝基苯、砷、磷等物质导致的中毒。

（5）肾脏　有毒物质经肾脏排出，对肾脏往往产生不同程度的损害，出现蛋白尿、血尿、浮肿等症状，如砷化氢、四氯化碳等引起的中毒性肾病。

（6）皮肤　皮肤接触毒物后，由于刺激和变态反应可发生瘙痒、刺痛、潮红、癍丘疹等各种皮炎和湿疹，如沥青、石油、铬酸雾、合成树脂等对皮肤的作用。

三、控制有毒环境危害的措施

控制有毒环境危害可以从防毒管理措施和防毒技术措施两个方面予以实施。

（一）防毒管理措施

防毒管理措施主要包括有毒作业环境的管理、有毒作业的管理和劳动者健康管理三个方面。

1. 有毒作业环境的管理

有毒作业环境管理的目的是为了控制甚至消除作业环境中的有毒物质，使作业环境中有毒物质的浓度降低到国家卫生标准。有毒作业环境的管理主要包括以下几个方面内容。

（1）组织管理措施

① 健全组织机构　企业应有分管的领导，并设有管理部门、专职或兼职人员。劳动定员设计应包括应急救援组织机构（站）编制和人员定员。

② 调查企业当前的职业毒害的现状，制定不断改善劳动条件的规划，并予实施。调查企业的职业毒害现状是开展防毒工作的基础，只有在对现状正确认识的基础上，才能制定正确的规划，并予实施。

③ 建立健全有关防毒的规章制度，如有关防毒的操作规程、宣传教育制度、设备定期检查保养制度、作业环境定期监测制度、毒物的储运与废弃制度等。防毒操作规程是指操作规程中的一些特殊规定，对防毒工作有直接的意义。如工人进入容器或低坑等的监护制度，是防止急性中毒事故发生的重要措施；下班前清扫岗位制度，则是消除"二次尘毒源"危害的重要环节。"二次尘毒源"是指有毒物质以粉尘、蒸气等形式从生产或储运过程中逸出，散落在车间、厂区后，再次成为有毒物质的来源。易挥发物料和粉状物料，"二次尘毒源"的危害就更为突出。

④ 对职工进行防毒的宣传教育，使职工既清楚有毒物质对人体的危害，又了解预防措施，从而使职工主动地遵守防毒操作规程，加强个人防护。

必须指出，建立健全有关防毒的规章制度及对职工进行防毒的宣传教育是《中华人民共和国劳动法》和《中华人民共和国职业病防治法》对企业提出的基本要求。

（2）定期进行作业环境监测　车间空气中有毒物质的监测工作是搞好防毒工作的重要环节。通过测定可以了解生产现场受污染的程度，污染的范围及动态变化情况，是评价劳动条件、采取防毒措施的依据；通过测定有毒物质浓度的变化，可以判明防毒措施实施的效果；测定结果可以为职业病的诊断提供依据。

（3）严格执行"三同时"制度　《中华人民共和国劳动法》第六章第五十三条明确规定："劳动安全卫生设施必须符合国家规定的标准。新建、改建、扩建工程的劳动安全卫生设施必须与主体工程同时设计、同时施工、同时投入生产和使用。"只有严格执行"三同时"

制度才能使污染源得到有效控制，这是预防职业中毒的有效手段。

（4）及时识别作业场所出现的新有毒物质　随着生产的不断发展，新技术、新工艺、新材料、新设备、新产品等的不断出现和使用，不可避免地会出现新的有毒物质，及时识别并明确其毒害机理、毒害作用，对寻找有效的防毒措施具有非常重要的意义。

2. 有毒作业的管理

有毒作业管理是针对劳动者个人进行的管理，目的是使劳动者免受或少受有毒物质的危害。在生产中，劳动者个人技术不熟练，身体过负荷，都是构成毒物散逸甚至造成急性中毒的原因。

对有毒作业管理的方法是对劳动者进行个别的指导，使之学会正确的作业方法。在操作中必须按生产要求进行，比如要严格控制工艺参数的数值、改变不适当的操作姿势和动作，以消除操作过程中可能出现的差错。

通过改进作业方法、作业用具及工作状态等防止劳动者在生产中身体过负荷而损害健康。有毒作业管理还应教会和训练劳动者正确使用个人防护用品。

3. 劳动者健康管理

劳动者健康管理是针对劳动者本身的差异进行的管理，主要应包括以下内容：

① 对劳动者进行个人卫生指导。指导劳动者不在作业场所吃饭、饮水、吸烟等，坚持饭前漱口，班后淋浴，工作服清洗制度等。这对于防止有毒物质污染人体，特别是防止有毒物质从口腔、消化道进入人体，有着重要意义。

② 定期对从事有毒作业的劳动者做健康检查。特别要针对有毒物质的种类及可能受损的器官、系统进行健康检查，以便能对职业中毒患者早期发现、早期治疗。

③ 对新员工入厂进行体格检查。由于个体对有毒物质的适应性和耐受性不同，因此就业健康检查时，发现有禁忌证的，不要分配到相应的有毒作业岗位。

④ 对于有可能发生急性中毒的企业，其企业医务人员应掌握中毒急救的知识，并准备好相应的医疗器材。

⑤ 对从事有毒作业的人员，应按国家有关规定，按期发放保健费及保健食品。

（二）防毒技术措施

1. 用无毒或低毒物质代替有毒或高毒物质

在生产中用无毒物料代替有毒物料，用低毒物料代替高毒物料或剧毒物料，是消除和降低毒性物质危害的有效措施。如在涂料工业和防腐工程中，用锌白或氧化钛代替铅白；用云母氧化铁防锈底漆代替含大量铅的红丹底漆，从而消除了铅的职业危害。用酒精、甲苯或石油副产品抽余油代替苯溶剂；用环己基环己醇酮代替刺激性较大的环己酮等，这些溶剂或稀料的毒性要比所代替的小得多。此外，以无汞仪表代替有汞仪表；以硅整流代替汞整流等。作为载热体，用透平油代替有毒的联苯-联苯醚；用无毒或低毒催化剂代替有毒或高毒的催化剂等。有些代替是以低毒物代替高毒物，并不是无毒操作，仍要采取适当的防毒措施。

2. 改进生产工艺

选择危害性小的工艺代替危害性大的工艺，是防止毒物危害根本性的措施。如在环氧乙烷生产中，以乙烯直接氧化制环氧乙烷代替了用乙烯、氯气和水生成氯乙醇进而与石灰乳反应生成环氧乙烷的方法，从而消除了有毒有害原料氯和中间产物氯化氢的危害。

3. 以密闭、隔离操作代替敞开式操作

控制有毒物质不在生产过程中散发出来造成危害，关键在于生产设备本身密闭化和生产过程各个环节的密闭化。生产设备的密闭化，往往与减压操作和通风排毒措施相结合使用，以提高设备的密闭效果，消除或减轻有毒物质的危害。由于条件限制不能使毒物浓度降到国家标准时，可以采用隔离操作措施。隔离操作是把操作人员与生产设备隔离开来，使操作人员免受散逸出来的毒物危害。

4. 以连续化操作代替间歇操作

以化工生产过程为例，对于间歇操作，生产间断进行，需要经常配料、加料，不断地进行调解、分离、出料、干燥、粉碎和包装，几乎所有单元操作都要靠人工进行。反应设备时而敞开时而密闭，很难做到系统密闭。尤其是对于危险性较大和使用大量有毒物料的工艺过程，操作人员会频繁接触毒性物料，对人体的危害相当严重。而采用连续化操作能使设备完全密闭，消除上述弊端。如采用板框式压滤机进行物料过滤就是间歇操作，每压滤一次物料就得拆一次滤板、滤框，并清理安放滤布等，操作人员直接接触大量物料，并消耗大量体力。若采用连续操作的真空吸滤机，操作人员只需观察吸滤机运转情况，调节真空度即可。所以，过程的连续化既简化了操作程序，又为防止有害物料泄漏、减少厂房空气中有害物质的浓度创造了条件。

5. 以机械化、自动控制代替手工操作

用机械化、自动控制代替手工操作，不仅可以减轻工人的劳动强度，而且可以减少工人与毒物的直接接触，从而减少了毒物对人体的危害。

6. 采用通风净化技术控制产生的有毒物质

排除有害、有毒气体和蒸气可采用全面通风及局部排风方式进行。全面通风是在工作场所内全面进行通风换气，以维持整个工作场所范围内空气环境的卫生条件。局部排风是将工业生产中产生的有害、有毒气体或蒸汽在其发生源处控制、收集起来，不使其扩散到工作场所，并把有害气体经净化处理后排至工作场所以外，这也是工矿企业中常采用的一种排毒方式。利用通风净化技术确保作业场所空气中的有毒物质的浓度低于《工作场所空气中有害因素职业接触限值》（GBZ 2.1—2007）的要求。

常用的净化方法有燃烧法、吸附法、冷凝法、吸收法、吸附法。可参照表 4-15 进行选择。

表 4-15　有害气体净化方法的选择

净化方法	适用废气种类	浓度范围/(μL/L)	温度范围
燃烧法	有机气体及恶臭等	几百～几千	100℃以上
冷凝法	有机蒸气	1000 以上	常温以下
吸收法	无机气体及部分有机蒸气	几百～几千	常温
吸附法	绝大多数有机气体及大多数无机气体	300	38℃以下

7. 安装报警与检测装置

在有可能发生急性职业中毒的工作场所，应结合生产工艺和毒物特性，安装自动报警或检测装置。

8. 配备应急设施

依据《工业企业设计卫生标准》（GBZ 1—2010），生产或使用剧毒或高毒物质的高风险工业企业应设置紧急救援站或有毒气体防护站。紧急救援站或有毒气体防护站使用面积可参考该标准附录 A 表 A2，有毒气体防护站的装备应根据职业病危害性质、企业规模和实际需要确定，并可参考该标准附录 A 表 A3 配置。

根据车间（岗位）毒害情况配备防毒器具，设置防毒器具存放柜。防毒器具在专用存放柜内铅封存放，设置明显标识，并定期维护与检查，确保应急使用需要。

第六节　粉尘环境

一、粉尘环境对人体的影响

飘浮在空气中的粉尘随人的呼吸进入人体，进而对人体产生各种不利影响。空气中 $0.5\sim5\mu m$ 的粉尘对人的危害最大；粉尘的化学成分，也是决定粉尘对人体的危害程度的重要因素。

当气溶胶粒子（这里指飘浮在空气中的粉尘）通过呼吸道进入人体时，有部分粒子可以附着在呼吸道上，尘粒在人体肺部的滞留率随粒径的减小而增加，影响人的呼吸，危害人体健康。粒径不同滞留在呼吸道的部位不同。一般而言，大于 $5\mu m$ 的粉尘，多滞留在上呼吸道。大于 $10\mu m$ 的粉尘基本上被阻止于人的鼻腔和咽喉，粒径小于 $2\mu m$ 的可 100% 被吸入肺中。

粉尘对人体的危害，不仅取决于粉尘的大小及其化学成分，更取决于粉尘在空气中的浓度。空气中所含粉尘的浓度是评价作业场所空气中粉尘危害的主要指标之一。

1. 对呼吸系统的危害

粉尘对机体的损害是多方面的，其中最主要的是对呼吸系统的损害。

粉尘对呼吸系统的危害包括尘肺、肺粉尘沉着症、呼吸系统炎症和呼吸系统肿瘤等疾病。

（1）肺尘埃沉着病（尘肺）　尘肺是指由于长期吸入一定浓度的能引起肺组织纤维性变的粉尘所致的疾病，是职业病中影响最广、危害最严重的一类疾病。在各类职业病中，尘肺病占到 80% 甚至更高，其中硅肺病是最常见的一种尘肺病。尘肺按其病因可分为以下五类。

① 硅沉着病（硅肺）　由于吸入含有游离二氧化硅的粉尘而引起的尘肺。接触二氧化硅粉尘的作业种类很多，如各种矿的开采和选矿、风钻、凿岩和爆破等作业；工厂方面如石英粉厂、玻璃厂、耐火材料厂等均可接触二氧化硅粉尘。煤矿硅肺也称煤工尘肺，煤工尘肺又分硅肺、煤硅肺、煤肺三种。硅肺多发生在掘进工身上，干掘进又干采煤的工人易得煤硅肺，煤肺则多发生在采煤人群中。煤矿工人常年在含有煤尘、岩尘的环境中作业，吸入粉尘的量大大高于正常人群，久而久之，微粒粉尘在肺部沉积，造成肺的纤维化，这是导致煤矿工人患硅肺病的原因。硅肺通过 X 光片可以检查出来。地质条件不同，硅的含量也不一样。另外人的体质不同，患病的程度也不同，有的人在煤矿工作了几十年也没有患硅肺病。

② 硅酸盐肺　由于吸入含有结合状态二氧化硅（硅酸盐），如石棉、滑石、云母等粉尘而引起的尘肺。

③ 混合性尘肺　由于吸入含有游离二氧化硅和其他某些物质的混合性粉尘而引起的尘肺，如煤硅肺、铁硅肺等。

④ 炭尘肺　由于长期吸入石墨、活性炭等粉尘引起。

⑤ 金属粉尘肺　由于长期吸入某些致肺纤维化的金属粉尘引起的尘肺，如铝尘肺等。

目前，列入职业病目录的尘肺病包括：硅肺、煤工尘肺、石墨尘肺、炭黑尘肺、石棉尘肺、滑石尘肺、水泥尘肺、云母尘肺、陶工尘肺、铝尘肺、电焊工尘肺、铸工尘肺以及根据 GBZ 70—2015《职业性尘肺病的诊断》和 GBZ 25—2014《职业性尘肺病的病理诊断标准》可以诊断的其他尘肺病。

（2）肺粉尘沉着症　有些生产性粉尘，如锡、铁、锑、钡及其化合物等粉尘，吸入后可沉积于肺组织中，仅呈现一般的异物反应，但不引起肺组织的纤维性变，对人体健康危害较小或无明显影响，这类疾病称为肺粉尘沉着症。脱离粉尘作业后，病变可不再继续发展，甚至肺阴影逐渐消退。

（3）有机性粉尘引起的肺部病变　有些有机性粉尘，如棉、亚麻、茶、甘蔗渣、谷类等粉尘，可引起一种慢性呼吸系统疾病，常有胸闷、气急、咳嗽、咳痰等症状，棉尘病已被列为法定职业病。引起支气管哮喘、哮喘性支气管炎、湿疹及偏头痛等变态反应性疾病。一般认为，单纯有机性粉尘不致引起肺组织的纤维性变。破烂布屑及某些农作物粉尘可能成为病原微生物的携带者，如带有丝菌属、放射菌属的粉尘进入肺内，可引起肺霉菌病。

（4）呼吸系统肿瘤　某些粉尘本身是或者含有致癌物质，如石棉、游离 SiO_2、Ni、Cr、As 等，吸入这些物质，有可能引发呼吸和其他系统的肿瘤，如间皮瘤等。另外，放射性粉尘也可能引起呼吸系统肿瘤。

（5）其他呼吸系统疾病　由于粉尘诱发的纤维化和炎症作用，还常引起肺通气功能的改变，表现为阻塞性肺病。慢性阻塞性肺病也是粉尘接触人员常见疾病，还并发有肺气肿、肺心病等。肺尘埃沉着病是我国占比最高的职业病，最高接近 90％，2021 年这一数值已下降至 76.65％。

2. 局部作用

长期接触生产性粉尘还可能引起其他一些疾病。比较常见的，可引起皮肤、耳及眼的疾患。例如，粉尘堵塞皮脂腺可使皮肤干燥，易受机械性刺激和继发感染而引发粉刺、毛囊炎、脓皮病等。

3. 中毒作用

中毒作用是指有毒物质或含有有毒物质的粉尘，如铅、砷、锰粉尘等经呼吸道进入机体后，导致的机体中毒。

二、控制粉尘环境危害的措施

控制粉尘环境危害可以从防尘管理措施和防尘技术措施两个方面予以实施。

（一）防尘管理措施

① 建立专人负责的防尘机构，制定防尘规划和各项防尘规章制度。

② 加强防尘的宣传教育。普及粉尘危害及防尘技术等基本知识和基本技能。

③ 对新入职从事接触粉尘的人员，必须进行健康检查。

④ 对在职的从事接触粉尘的人员，必须进行定期健康检查，发现不宜从事接尘工作的人员，要及时调离。

⑤ 对已确诊为尘肺病的人员，应及时调离原工作岗位，安排合理的治疗或疗养，患者的社会保险待遇应按国家有关规定办理。

⑥ 为接触粉尘的人员按期发放符合国家标准或行业标准的个人防尘防护用品，如防尘口罩、防尘安全帽、防尘服、护肤用品等。

（二）防尘技术措施

1. 选用不产生或少产生粉尘的工艺

选用不产生或少产生粉尘的工艺，采用无危害或危害小的物料，是消除、减弱粉尘危害的根本途径。

2. 限制、抑制扬尘和粉尘扩散

① 采用密闭管道输送、密闭自动（机械）称量、密闭设备加工，防止粉尘外逸。不能完全密闭的尘源，在不妨碍操作条件下，尽可能采用半封闭罩、隔离室等设施来隔绝、减少粉尘与工作场所空气的接触，将粉尘限制在局部范围内，减弱粉尘的存在。

　　② 通过降低物料落差、适当降低溜槽倾斜度、隔绝气流、减少诱导空气量和设置空间（通道）等方法，抑制由于正压造成的扬尘。

　　③ 对亲水性、弱黏性的物料和粉尘应尽量采用增湿、喷雾、喷蒸汽等措施，有效地减少物料在装卸、运转、破碎、筛分、混合和清扫过程中粉尘的产生和扩散。

　　④ 消除二次尘源、防止二次扬尘。应在设计中合理布置、尽量减少积尘平面，地面、墙壁应平整光滑，墙角呈圆角，便于清扫；使用负压清扫装置来消除逸散、沉积在地面、墙壁、构件和设备上的粉尘；对炭黑等污染大的粉尘作业及大量散发沉积粉尘的工作场所，则应采用防水地面、墙壁、顶棚、构件和水冲洗的方法，清理积尘。严禁用吹扫方式清尘。

　　⑤ 对污染大的粉状辅料宜用小包装运输，连同包装袋一并加料和加工，限制粉尘扩散。

3. 采用通风除尘系统净化含尘气体

　　利用风压、热压差、合理组织气流，充分发挥自然通风改善作业环境的作用，使作业场所的粉尘浓度低于《工作场所空气中有害因素职业接触限值》（GBZ 2.1—2007）的要求；当自然通风不能满足要求时，应设置全面或局部机械通风除尘系统。通风除尘系统是粉尘控制与隔离的重要手段。经通风除尘系统排入大气的粉尘浓度必须低于相关国家排放标准。

习题及思考题

　　1. 微气候因素是什么？其相互关系如何？

　　2. 作业环境区域如何划分，有何特点？

　　3. 简述高温作业环境对人体的影响。

　　4. 简述低温作业环境对人体的影响。

　　5. 舒适的微气候环境条件是什么？

　　6. 微气候环境的综合评价指标有哪些？

　　7. 改善高温作业环境的主要措施有哪些？

　　8. 改善低温作业环境的主要措施有哪些？

　　9. 什么叫暗适应、明适应？

　　10. 人工照明按灯光照明范围和效果可分为哪几种？

　　11. 简要论述如何选择光源？

　　12. 眩光会有哪些影响，如何避免？

　　13. 作业场所环境照明设计的基本原则有哪些？

　　14. 调查某一教室的室内灯光布置是否满足人机工程学要求。如不满足要求提出改进意见。

　　15. 颜色的基本特性是什么？

　　16. 色彩调节的原则是什么？

　　17. 机器设备如何用色？

　　18. 了解有关标志用色的含义。

　　19. 环境噪声控制的基本原理是什么？

　　20. 控制环境噪声有哪些方法？

　　21. 有毒环境对人体健康会造成哪些不良的影响？

　　22. 控制有毒环境危害的措施有哪些？

　　23. 粉尘对人体呼吸系统的危害有哪些？

　　24. 控制粉尘环境危害的措施有哪些？

第五章

安全人机系统中人的作业岗位与空间设计

学习目标

1. 具备根据不同工作确定作业姿势的能力。
2. 具有对作业岗位的初步设计能力。
3. 具有作业场所布置能力。
4. 具有典型作业岗位的空间设计能力。
5. 具有安全作业空间的设计能力。

作业岗位与空间设计得是否合理,将极大地影响作业者的安全和工作效率。从人机工程学的角度来看,影响作业岗位与空间设计的因素很多,一个理想的设计只能是考虑各方面的因素折中所得,其结果对每个单项而言,可能不是最优的,但应是最大限度地减少作业者的不便与不适,使得作业者能方便而迅速完成作业。显然,在设计作业岗位和空间时应以"人"为中心,以人体尺度为重要设计基准。

第一节 作业岗位

一、作业岗位的分类

作业者静态作业姿势和生活姿势大体可分为站立、端坐和躺卧三类。作业姿势的确定,是为了达到作业时效率最高,人-机之间最协调,而且作业者可以轻松、舒适、自然、持久地进行作业。一般来说，无论作业姿势如何变换，都应避免不良姿势与体位，保持正确姿势。正确的站立姿势应是头、颈、胸、腹都保持与水平面垂直，使全身重量由骨架支承。此种姿势身体变形最小，肌肉与韧带的负荷最轻，各器官功能发挥得最好。不正确的坐姿和体位不但造成能量的过分消耗和效率下降，而且容易引起疲劳、事故、伤痛和疾病等。

作业岗位按其作业时的姿势分为立姿岗位、坐姿岗位、坐立姿交替岗位、跪姿岗位和卧姿岗位五类。在人机系统设计时选择哪一类作业岗位，必须依据工作任务的性质来考虑。在确定作业姿势时，主要考虑：①工作空间的大小及照明条件等；②体力负荷大小、频度、用力方向、作业所要求的准确性与速度等；③作业场所各种仪器、机具和加工件的摆放位置，以及取用、操作的方法等；④工作台面与座椅的高度，有无足够的容膝空间；⑤作业方式、方法，特别是操作时起坐的频率，以及变换姿势的可能性；⑥作业者主动采取的体位等。

在不正确体位或作业姿势中，对身体和工效影响较大的有以下几方面，下列体位是不良姿势：①静止不动的立姿；②长期或反复弯腰，特别是弯度超过15°；③弯腰并伴有躯干扭曲或半坐姿；④负荷不平衡，单侧肢体承重；⑤长时间双手平举或前伸；⑥长时间或高频率地使用一组肌肉。

二、典型作业岗位

由于人体结构和生理限制，人只能采取有限几种姿势。基本姿势大致可分为立姿、坐姿、坐立交替、跪姿和卧姿五种，是生产和生活的各种姿势。

1. 坐姿作业岗位

坐姿作业岗位是为从事轻作业、中作业且不要求作业者在作业过程中走动的工作而设置的。正确的坐姿，是使身体从臀部到颈部保持端正，并且不应在腰部产生变形或弯曲。为了体现坐姿作业的优越性，必须为作业者提供合适的座椅、工作台、容膝空间、搁脚板、搁肘板等装置。

对于以下作业应采用坐姿操作：在操作范围内，短时作业周期需要的工具、材料、配件等都易于拿取或移动；进行精确而又细致的作业；不需用手搬移物品的平均高度超过工作面以上15cm的作业；需要手、足并用的作业。

坐姿工作比立姿好，从血液循环角度而言，心脏负担的静压力有所降低；从肌肉活动角度看，肌肉可以承受较小的体重负担，可减少疲劳，作业持续时间较长；人的准确性、稳定性好；手、脚并用，脚蹬范围广，能正确操作。

2. 立姿作业岗位

立姿作业岗位是为从事中作业、重作业以及坐姿作业岗位的设计参数和工作区域受到限制的情况下而设置的。正确的立姿是身体各个部分，包括头、颈、胸和腹部等与水平面垂直的稳态平稳，使人体重量主要由骨架来承担，此时肌肉负荷最小。有时身体也可向前或向后斜倾10°～15°，以保持舒适的姿势。常见的立姿分为跷足立、正立、前俯、躬腰、半蹲、半蹲前俯和步行。

对于以下作业应采用立姿操作：需经常改变体位的操作；控制器分布面广，并需要作业者在不同的作业岗之间经常走动；当其作业空间不具备坐姿岗位操作所需的容膝空间时；要用较大力气的作业，站着易于使劲；当作业显得单调时，立姿可适当走动。

但立姿不易进行精确而细致作业，不易转换操作，肌肉要做出更大的功来支持体重而易引起疲劳，长期站立易引起下肢静脉曲张等。如果长期站立作业，脚下应垫以柔性或弹性垫子，如木踏板、塑料垫、橡皮垫、地毯等。

3. 坐、立姿交替作业岗位

长时期坐姿操作虽比立姿操作省力省功，但比不上坐、立交替好。当作业具有下列特点时，建议采用坐、立姿交替岗位：一方面，经常需要完成前伸超过 41cm 或高于工作面 15cm 的重复操作，考虑人的特点，应选择坐、立姿交替岗位；另一方面，对于复合作业，有的最好取坐姿操作，有的则适宜立姿操作，从优化人机系统来考虑应取坐、立姿交替岗位。

4. 跪姿作业岗位

如果作业时需拆装设备低部零件、擦洗设备、擦地板、取物等，则需采用跪姿。下列姿势均属于跪姿类型：低蹲、单膝跪、直身跪、屈膝跪、伏跪、坐跪、盘膝席坐、提膝席坐及伸腿席坐等。

比较跪、坐、立、弯腰四种姿势的能耗百分比，如图 5-1 所示，可见弯腰和跪姿操作消耗能量大，尽量不采用。

坐3%～5%　　　　立8%～10%　　　　弯腰50%～60%　　　　跪30%～40%

图 5-1　以静卧为基础，坐、立、弯腰、跪四种姿势的能耗百分比

5. 卧姿作业岗位

在修理汽车等场合常需采用卧姿。常见卧姿为俯卧、侧卧、仰卧三种。

三、作业岗位设计要求和原则

1. 设计要求

① 作业岗位的确定，应保证作业者在上肢活动所能达到的区域内完成各项操作，并应考虑下肢的舒适活动空间。

② 设计作业岗位时，应考虑操作动作的频繁程度。如果每分钟完成两次或两次以上的操作动作，即认为很频繁；每分钟完成的操作动作少于两次，而每小时完成两次或两次以上时，则认为频繁；而每小时完成的操作动作少于两次的为不频繁。

③ 设计作业岗位时，还应考虑作业者的群体，如全部为男性或全部为女性，应选用两种不同性别各自的人体测量尺寸；如果作业岗位是男性和女性共同使用，则应考虑男性和女性人体测量尺寸的综合指标。

2. 设计原则

① 设计作业岗位时，必须考虑作业者动作的习惯性、同时性、对称性、节奏性、规律性等生理特点，以及动作经济性原则。

② 作业岗位的各组成部分，如座椅、工具、显示器、操纵器及其他辅助设施的设计，均应符合工作特点及人机工程学要求。

③ 在作业岗位上不允许有与作业岗位结构组成无关的物体存在。

第二节　作业空间分析

要设计一个合适的作业空间，不仅需考虑元件布置的造型与样式，还要顾及下列因素：操作者的舒适性和安全性；便于使用、避免差错，提高效率；控制与显示的安排要做到既紧凑又可区分；四肢分担的作业要均衡，避免身体局部超负荷作业；作业者身材的大小等。

一、作业空间类型

人与机器结合完成生产任务是在一定的作业空间进行的。人、机器设备、工装以及被加工物所占的空间称为作业空间。按作业空间包含的范围，可把它分为近身作业空间、个体作业场所和总体作业空间。

作业者进行作业的场所及其空间叫作业空间。一定的作业姿势，上、下肢及躯干的作业活动都要求一定的空间。作业者上、下肢及身体的动作和用力，经常发生位置上的改变、用力状态和方向的改变，形成一定的作业动作。作业动作在周围形成的空间范围叫作业域，也可称为物理空间。各种作业要求相应的作业域。除物理空间（作业域）外，作业空间还包括作业所需的附加活动空间，如取放工具、备件、原料、成品等。此外，还要求满足作业者所需的心理空间，所以还要按心理要求加上富裕空间，这样才构成合理的作业空间。作业空间是人机系统设计评价的重要内容。由于作业空间不合理造成事故的事例，数不胜数，本节将分别加以叙述。

1. 近身作业空间

指作业者在某一位置时，考虑身体的静态和动态尺寸，在坐姿或站姿状态下，其所能完成作业的空间范围。近身作业空间包括三种不同的空间范围：一是在规定位置上进行作业时，必须触及的空间，即作业范围；二是人体作业或进行其他活动时（如进出工作岗位，在工作岗位进行短暂的放松与休息等）人体自由活动所需的范围，即作业活动空间；三是为了保证人体安全，避免人体与危险源（如机械传动部位等）直接接触所需要的安全防护空间距离。

2. 个体作业场所

指操作者周围与作业有关的、包含设备因素在内的作业区域，如汽车驾驶室。

3. 总体作业空间

不同个体作业场所的布置构成总体作业空间。总体作业空间不是直接的作业场所，它反映的是多个作业者或使用者之间作业的相互关系，如一个办公室。

二、作业空间设计总则

布置作业空间就是在限定的作业空间内，先确定合适的作业面，再合理定位、安排显示器和控制器（或其他作业设备、元件）。对作业空间进行设计就是使人的行为、舒适感与心理满足感达到最大限度的满足，而其设计的重要一项任务就是各组成因素在其使用空间中如何布置的问题。

1. 总体作业空间设计的依据

总体作业空间设计随设计对象的性质不同而有所差别。对生产企业来讲，总体作业空间设计与企业的生产方式直接相关。流水生产企业，车间内设备按产品加工顺序逐次排列；成批生产企业（例如机械行业）同种设备和同种工人布置在一起。所以，企业的生产方式、工艺特点决定了总体作业空间内的设备布局，在此基础上，再根据人机关系，按照作业者的操作要求进行作业场所设计及其他设计。

2. 作业场所布置总则

从人-机系统整体来看，最重要的是保证作业者方便、准确操作。任何设施都有其最佳位置，这取决于人的感受特性、人体测量学与生物力学特性以及作业性质。而对于具体的作业场所而言，由于设施众多，不可能每一设施都处于其本身理想的位置，这时必须依据一定的原则来安排。

（1）重要性原则　指在操作上设施的重要程度，将最重要的设施布置在离操作者最近或最方便的位置。设施是否重要往往根据其作用来确定，有些设施可能并不频繁使用，但却是至关重要的，比如紧急控制器，一旦出现误观察和误操作，可能会带来巨大的经济损失。

（2）使用频率原则　根据人、机信息交换时，按设施的使用频率优先排列，将信息交换频率高的设施布置在操作者易见、易及的位置，便于观察和操作。

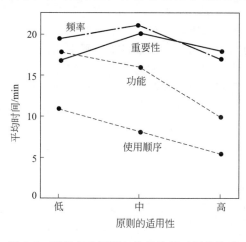

图 5-2　面板布置原则与作业执行时间的关系

（3）功能原则　根据设施的功能进行布置，按功能性相关关系对显示器、控制器以至于机器进行适当的编组排列，把具有相同功能的机器设备布置在一起，以便于操作者记忆和管理。

（4）使用顺序原则　根据人操作机器或观察显示器的顺序规律布置机器，可使操作者作业方便、高效。例如，开启电源、启动机床、看变速标牌、变换转速等。

在进行系统中各种设施布置时，不可能只遵循一种原则。通常，重要性和频率原则主要用于作业场所内设施的区域定位阶段，而使用顺序和功能原则侧重于某一区域内各设施的布置。选择何种原则布置，设计者应统一考虑、全面权衡。在上述四个原则都可使用的情况下，有研究表明，按使用顺序原则布置设施，执行时间最短，如图 5-2 所示。

3. 作业场所布置考虑顺序

在遵守作业场所布置原则的基础上，对包含显示器和控制器的个体作业空间，还可以从以下的时间顺序上考虑布置的问题，以得出最合理的方案。

第一位：主显示器。

第二位：与主显示器相关的主控制器。

第三位：控制与显示的关联（使控制器靠近相关的显示器，运动相关性关系等）。

第四位：按顺序使用的元件。

第五位：使用频繁的元件应处于便于观察、操作的位置。

第六位：与本系统或其他系统的布局一致。

总之，作业空间设计时应结合操作任务要求，以人为主体进行设计。也就是首先考虑人的需要，为操作者提供舒适的作业条件，再把相关的设施进行合理的排列布置。

三、典型作业岗位的空间设计

1. 坐姿作业岗位的空间设计

坐姿作业通常在作业面以上进行，其作业范围是三维空间。随作业面高度、手偏离身体中线的距离及手举高度的不同，其舒适的作业范围也在发生变化。

（1）工作面　坐姿工作面高度主要由人体参数和作业性质等因素决定。考虑到操作者，在操作时最好能使其上臂自然下垂，前臂接近水平或稍微下倾地放在工作面上，这样耗能最小、最舒适省力。所以，一般把工作面高度设计成略低于肘部（坐面高度加坐姿肘高）50～100mm。而对不同性质的作业，如果是精细的或主要用视力的工作，如精密装配作业、书写作业等，往往要将操作对象放在较近的视距范围内，工作面应设计得高一点，一般高于肘部50～150mm；如果从事需要较大用力的重工作，则应把工作面高度设计低一些，可低于肘部150～300mm，利于使用手臂力量。

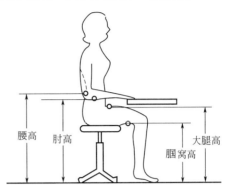

图 5-3　坐姿作业工位的工作面高度、坐椅高度的关系示意

对于坐姿作业，可使工作面高度恒定。具体工作时可调节坐椅高度，使肘部与工作面之间保持适当的高度差，并通过调节搁脚板高度，使操作者的大腿处于近似水平的舒适位置。如图 5-3 所示为坐姿作业工位的工作面高度、坐椅高度的关系示意。坐姿作业的工作面尺寸范围在表 5-1 列出相应数据。

表 5-1　坐姿作业的工作面尺寸范围

附　图	标号	范　围	尺寸/mm	
			最有利的	允许的
	A	控制台台下空隙高度		600
	B	地面到控制台台面高度	750	700～800
	C	地面到显示器的最高距离		1650
	D	座椅高度	450	370～460
	E	水平视距		650～750
	F	伸腿部深度		100～120
$\theta_1=15°\sim30°$　$\theta_2=30°\sim50°$　$\theta_3=0°\sim20°$	G	伸腿部高度		90～110

（2）作业范围　当操作者以站姿或坐姿进行作业时，手和脚在水平面和垂直面内所能触及的最大轨迹范围叫做"作业范围"。设计作业范围的重要依据是静态和动态的人体测量尺寸。

① 水平作业范围　水平作业范围是指人坐在工作台前，在水平面上移动手臂所形成的轨迹。其中伸展胳膊所能达到的最大区域叫最大作业区域；而当上臂靠近身体，轻松自然地曲肘，以肘为轴心转动时，手能自由达到的区域为普通作业区域，其半径约为最大作业区域半径的 3/5。

如图 5-4 所示为澳大利亚学者海蒂提出的 "MODAPTS 记号"，图中 M_1、M_2、M_3、M_4 和 M_5 是上肢动作的一般记号。M_1 与 M_2 表示"最佳作业区域"，一般指仅用手指与手腕动作能涉及的区域；M_3 表示"普通作业区域"，指仅用前臂（肘关节之前）动作能涉及的区域；M_4 是"最大作业区域"，表示用上臂（肩部不受牵动）动作能涉及的区域；而 M_5 称为"应避免经常涉及的区域"，是超过最大作业区域的动作，在 8h 工作中是不宜经常出现的。

根据手臂的活动范围，可以确定坐姿作业空间的平面尺寸。按照能使 95% 的人满意的

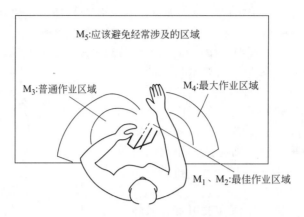

图 5-4　上肢动作一般记号

原则，应将常使用的控制器、工具、加工件放在正常作业范围之内；将不常用的控制器、工具放在最大作业范围之内、正常作业范围之外；将特殊的易引起危害的装置，布置在最大范围之外。如图 5-5 平面作业范围所示。

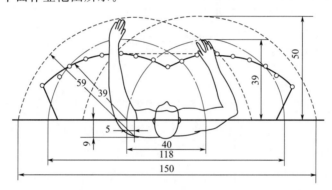

图 5-5　平面作业范围（单位：cm）
---最大作业范围（巴恩斯）；--正常作业范围（巴恩斯）；——正常作业范围（斯夸尔斯）

　　② 垂直作业范围　垂直作业范围是设计控制台和确定控制位置的基础。测量时在侧墙上贴上方格纸，伸手活动时做出记号。立体最大作业区域是减去手臂长度后的臂长所及范围。在此范围内作业，可以保证操作者稳定地抓住操纵物或进行操作，但这时肌肉除了动作所需消耗的力外，能量消耗主要用于使动作者完成不同准确性操作所需的体位，因而肩臂肌肉完成静态作业时的能量消耗将成为导致疲劳的主要因素。

　　（3）容膝空间　在设计坐姿用工作台时，必须根据脚可达到区在工作台下部布置容膝、容脚空间，以保证作业者在作业过程中，腿脚都能有方便的姿势。表 5-2 示出了坐姿作业最小和最佳的容膝空间尺寸。

表 5-2　容膝空间尺寸　　　　　　　　　　　　单位：mm

尺度部位	尺　寸		尺度部位	尺　寸	
	最小值	最佳值		最小值	最佳值
容膝空间宽度	510	1000	大腿空隙	200	240
容膝空间高度	640	680	容腿空间深度	660	1000
容膝空间深度	460	660			

　　（4）脚作业空间　为完成坐姿操作中手足并用作业，必须留有一定的脚作业空间。与手操作相比，脚操作力大，但精确度差，且活动范围较小。正常的脚作业空间位于身体前侧，

座高以下的区域，其舒适的作业空间取决于身体尺寸与动作的性质。如图 5-6 所示为脚偏离身体中线左右 15°范围内作业区域的示意，图中深影区为脚的灵敏作业空间，而其余区域需要大腿、小腿有较大的动作，故不适于布置常用的操作装置。

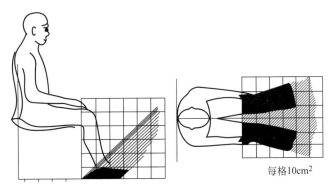

每格10cm²

图 5-6　脚作业区域

2. 立姿作业岗位的空间设计

立姿作业一般允许作业者自由地移动身体，但其作业空间仍需受到一定的限制。例如，合理的工作面高度；并应避免伸臂过长的抓握、蹲身或屈曲、身体扭转及头部处于不自然的位置等。

（1）工作面　立姿工作面高度不仅与身高有关，还与作业时施力的大小、视力要求和操作范围等很多因素有关，可为固定值，也可随需要调整。对于固定高度的工作面，按立姿肘高尺寸的第 95 百分位数设计，然后通过调整脚垫的高度来调整作业者的肘高；可调高度的工作台则适合不同身高的作业者。如图 5-7 所示为立姿时从事高精细作业、轻作业和重作业的工作面高度设计的一般尺寸（图中尺寸是以平均肘关节高度尺寸为参考数据进行调整的）。工作面的宽度视需要而定。

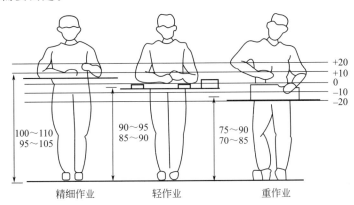

图 5-7　立姿作业的工作台高度推荐值（单位：cm）

0 参照线是地面至肘的高度线，其平均值男性为105cm，女性为98cm

（2）作业范围　立姿作业的水平面作业范围与坐姿时相同，而垂直作业范围却是设计控制台、配电板、驾驶盘和确定控制位置的基础，分为正常作业范围和最大作业范围。如图 5-8 所示为立姿作业的垂直作业空间，图 5-8（a）表示以第 5 百分位的男性单臂站立为基准，当物体处于地面以上 110～165cm 高度，并且在身体中心左右 46cm 范围内时，大部分人在直立状态下正常作业范围为 46cm（手臂处于身体中心线处操作），最大作业范围为 54cm；图 5-8（b）说明了双手操作的情形，由于身体各部位相互约束，其舒适作业范围有所减小，在距身体中线左右各 15cm 的区域内，最大作业范围为 51cm。

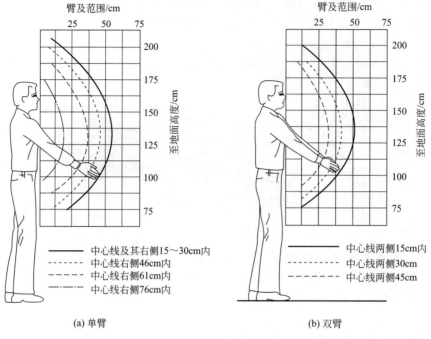

图 5-8　立姿作业的垂直作业空间

（3）临时座位　考虑到立姿作业容易疲劳，如果条件允许，应提供工间休息临时座位。临时座位一般采用摇动旋转式和回跳式，应不影响作业者自由走动和操作。

（4）垂直方向布局设计　立姿作业空间垂直方向布局设计见表 5-3。

表 5-3　立姿作业空间垂直方向布局设计

垂直方向高度/mm	区域特点	作业空间设计内容
0～500	适宜于脚控制	只能设计脚踏板、脚踏钮等常用的脚控制器
500～700	手、脚操作不方便	不宜在此区域设计控制器
700～1600	最适宜于人的操作和观察	设置各种重要的、常用的手控制器、显示器和工作台面；特别是人最舒适的作业范围 900～1400mm 高度
1600～1800	手操纵不方便，视力条件也略有下降	布置极少操纵的手控制器和不太重要的显示器
1800 以上		布置报警装置

3. 坐、立交替作业岗位的空间设计

坐、立交替作业要求操作时坐、时立，其座椅、控制台、操作点、踏板及容膝空间的尺寸要适应坐、立两种姿势。进行设计时，主要考虑以下几点：

① 工作台高度既适宜于立姿作业又适合于坐姿作业，这时工作台高度应按立姿作业设计；

② 为使工作台高度适合于坐姿操作，需要提高座椅高度，该高度恰好使作业者半坐在椅面上，一条腿刚好落地为宜；

③ 由于坐、立交替作业空间的特殊性，座椅应设计得高度可调，并可移动，椅面设计略小些；

④ 为了防止坐姿操作时两腿悬空而压迫静脉血管，一般在座椅前设置搁脚板。

坐、立交替作业岗位操作的控制台尺寸见表 5-4。

表 5-4   坐、立交替作业岗位操作的控制台尺寸

附图	标号	范围	尺寸/mm
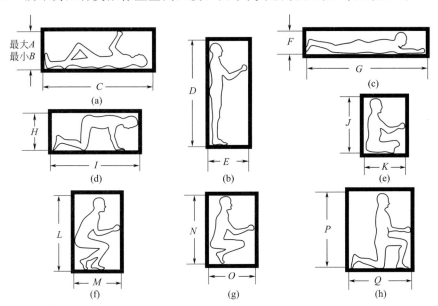	A	控制台台下空隙高度	800～900
	B	地面至控制台台面高度	900～1100
	C	地面至重要显示器上限高度	1600～1800
	D	次要显示器布置区域	200～300
	E	脚踏板高度	250～350
	F	脚踏板长度	250～300
	G	座椅高度	750～850

4. 受限作业岗位的空间设计

作业者有时必须在限定的空间中进行作业，有时还需要通过某种狭小的通道。虽然这类空间大小受到限制，但在设计时，还必须使作业者能在其中进行作业或经过通道。为此，应根据作业特点和人体尺寸确定受限作业空间的最低尺寸要求。为防止受限作业空间设计过小，其尺寸应以第 95 百分位数或更高百分位数人体测量数值为依据，并应考虑冬季穿着厚棉衣等服装进行操作的要求。

如图 5-9 所示为几种受限作业空间尺度，图中代号所表示的尺寸见表 5-5。

图 5-9   几种受限作业空间尺度

表 5-5   受限作业空间尺寸   单位：mm

代号	A	B	C	D	E	F	G	H	I	J	K	L	M	N	O	P	Q
高身材男性	640	430	1980	1980	690	510	2440	740	1520	1000	690	1450	1020	1220	790	1450	1220
中身材男性及高身材女性	640	420	1830	1830	690	450	2290	710	1420	980	690	1350	910	1170	790	1350	1120

如图 5-10 所示为几种常见通道的空间尺度，图中代号所表示的尺寸见表 5-6。

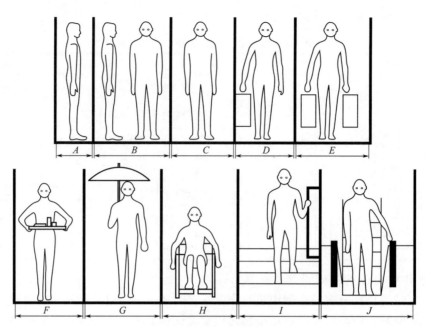

图 5-10   几种通道空间尺度

表 5-6   通道的空间尺寸   单位：mm

代号	A	B	C	D	E	F	G	H	I	J
静态尺寸	300	900	530	710	910	910	1120	760	单向 760	610
动态尺寸	510	1190	660	810	1020	1020	1220	910	双向 1220	1020

　　许多维修空间都是受限作业空间，在确定维修空间尺寸时，应考虑人的肢体尺寸、维修作业姿势、零件最大尺寸、标准维修工具尺寸以及维修时是否需要目视等因素。表 5-7 是由上肢和零件尺寸确定的维修空间，表 5-8 是由标准工具尺寸和使用方法确定的维修空间。

表 5-7   由上肢和零件尺寸确定的维修空间

开口部尺寸	尺寸/mm		开口部尺寸	尺寸/mm	
	A	B		A	B
	650	630		125	90
	200				250

续表

开口部尺寸	尺寸/mm		开口部尺寸	尺寸/mm	
	A	B		A	B
	100	50		W+75	130
	120	130		W+150	130
	W+45	130		W+150	130

四、安全作业空间的设计

作业空间按其安全程度可以分为安全空间、潜在危险空间和危险空间。在设计上，作业空间都应该是安全空间，但如果设计错误或使用不当，安全空间也能变成危险空间；潜在危险空间是指作业空间内存在着潜在危险，例如起重机周围（包括起重臂下方）、高压架线塔下、矿井下等工作场所；危险空间是指不许人进入的极危险区域，比如大型机台旋转部分附近区域、高压变压器附近，本来不属于作业空间，但在特殊情况下又常需作业者进入做修理、清扫等工作。

（1）安全作业空间要考虑一定的富裕空间，即安全作业空间的大小是作业的物理空间加上操作者心理要求的富裕空间，这对于消除隐性危险区域是十分必要的。

隐性危险区域在设计上常被忽略，应提起注意。例如，工厂的高压配电室，须定期用压缩空气吹扫高压控制柜内的积尘。控制柜后部平时无人工作，并无空间狭小的感觉，可称为隐性危险作业空间。当工人从柜的后面开柜门时，如果柜与墙壁间富裕空间太小，胶皮风管弯曲部分触及高电压元件，就可能造成触电事故。

（2）作业空间周围如有危险源（如高压电）及危险区（转动的大型设备等），应加护网、栏等设施加以隔绝，以防接触危险源或跌入危险区。

实际工作中，对于固定的危险源容易设置防护装置，而由工作制度和习惯不良造成的移动性、暂时性的危险源则必须从管理工作上加以改进。

（3）作业空间附近如有弹射出物体、溅射液体可能性时，应设栏板、栏网加以防护。

例如，木材加工厂在使用电锯时，把带有木节的料送上电锯，在节口断裂的木方被高速

表 5-8 由标准工具尺寸和使用方法确定的维修空间

开口部尺寸	尺寸/mm		开口部尺寸	尺寸/mm			使用工具
	A	B		A	B	C	
	140	150		135	125	145	可使用螺丝刀等
	175	135		160	215	115	可用扳手从上旋转60°
	200	185		215	165	125	可用扳手从前面旋转60°
	270	205		215	130	115	可使用钳子、剪线钳等
	170	250		305		150	可使用钳子、剪线钳等
	90	90					

旋转的电锯击飞，容易打在操作工人的头上。如果在操作者前方安装一块大孔目铁网，既不妨碍观察加工情况又可防护人员免受伤害。

（4）作业空间上方不得有坠物的危险性作业和设施。研究发现，上、下层立体交叉作业的危险性大，同时事故往往发生在非经常作业的游动场所。例如，有桥式起重机工作的车间，往往由于上下联系不好、瞭望不周、视线不清，造成作业人员被吊物撞击致伤的事故，所以起重机通过上方的位置不能做经常作业的场所；当天车工作时，应停止在吊物运行轨迹内的作业，人员应避让，以防事故发生。

（5）作业空间的作业环境要符合相应标准和作业要求。某些作业场所表面看来是安全的，但从人机学角度进行分析，仍能找出许多不安全的因素。所以，安全作业空间的设计不仅包括作业域及富裕空间的大小，工具的放置，物料、半成品的堆放，邻区防护等，还应包括作业区内人员组成和配置等内容。

习题及思考题

1. 作业岗位如何分类？
2. 哪些体位是不良姿势？
3. 确定作业姿势时主要考虑哪些情况？
4. 什么情况下采用立姿和坐姿操作？
5. 作业空间有哪些类型？
6. 作业场所布置总则是什么？考虑顺序怎样？
7. "MODAPTS记号"的含义是什么？
8. 如何确定坐姿作业岗位的作业面高度？
9. 如何进行立姿作业空间垂直方向布局设计？
10. 安全作业空间的设计要点是什么？

第六章

安全人机系统中
信息界面设计

学习目标

1. 熟悉显示器的类型与特点。
2. 熟悉操纵控制器的类型及其功能。
3. 能够正确选择显示器操纵控制器。
4. 具有分析操纵失误及制定对策的能力。
5. 了解显示器和操纵控制器设计的基本知识。

第一节 人机界面及其机具系统

一、人机界面简述

人机界面为人与机器子系统的匹配面，可分为如下三部分：

① 显示器与人的信息通道的匹配；

② 操纵器与人的运动系统的匹配；

③ 人机与环境要素的匹配。

在作业过程中，信息从人机界面流过，人、机要通过界面相互作用。若人机界面设计优良，则信息畅通，各要素相互作用正常，系统则处于较佳状态。而不良的界面设计将影响系统效率和人的健康，甚至由于人的误操作引发安全事故。

二、人机界面的机具系统及其主要内容简述

机具系统通常是指由人机系统中所有机械设备、劳动工具组成的子系统。具体对人机界面设计来说，它是指系统中处于人机交界面的机具，主要包括显示器和操纵控制器两类。

人-机系统中信息界面设计的重点主要包括以下内容。

1. 显示器的可识别性设计

设计目标包括：

① 信息刺激量强度适宜，易使操作者眼能看到、耳能听到、触觉能感觉到；

② 信息标志明确，易使操作者明了信息所代表的内容，不致误读、误听、误判；

③ 符合人的心理和生理特征；

④ 信息能真实反映"机"内真实情况；

⑤ 安全可靠，对人无伤害。

2. 操纵控制器的可控性设计

设计目标包括：

① 尺寸、形状符合人体参数；

② 控制力大小符合操作者的体力参数，尽量采用省力装置，保持合理的阻力；

③ 编码易于识别，不容易导致错控、误控、失控；

④ 灵活性好，可靠性高；

⑤ 手感舒适，对人无伤害，并配有安全装置。

3. 显示器和操纵控制器的布局设计

设计目标包括：

① 显示器应布置在人接受信息最清晰、最方便的区域。

② 操纵控制器应区别使用频率、重要程度，分别置于最佳区、辅助区、一般区内，以有利于操作。

第二节　显示器设计

在人机系统中，人对有关信息的感知可以是直接的，也可以是间接的。随着信息量的增加以及要求准确、及时、充分地获得信息，间接感知系统的信息越来越多，这就要通过信息显示装置及其系统来实现。信息显示装置又称显示器，是人-机系统中专门用来向人传达机器和设备性能参数、运转状态、工作指令以及其他信息的装置，其共同的特征是能够把机器设备的有关信息以人能接受的形式显示给人。

一、显示器的类型与特点

1. 显示器的类型

在人-机系统中，按人接受信息的感觉通道不同，可将显示装置分为视觉显示、听觉显示和触觉显示。其中以视觉和听觉显示应用最为广泛，视觉显示器所占比例最大，除特殊环境外，一般很少使用触觉显示。视觉、听觉和触觉显示方式传递的信息特征见表 6-1。

表 6-1　视觉、听觉和触觉显示方式传递的信息特征

显示方式	传递的信息特征	实　例
视觉显示	(1)比较复杂、抽象的信息或含有科学技术术语的信息、文字、图表、公式等 (2)传递的信息很长或需要延迟者 (3)须用方位、距离等空间状态说明的信息 (4)以后有可能被引用的信息 (5)所处环境不适合听觉传递的信息 (6)适合听觉传递，但听觉负荷已很重的场合 (7)不需要急迫传递的信息 (8)传递的信息常需同时显示、监控	各种仪表、信号灯、显示屏、标志符号，以及图形、图表、标牌、广告、地图等
听觉显示	(1)较短或无需延迟的信息 (2)简单且要求快速传递的信息 (3)视觉通道负荷过重的场合 (4)所处环境不适合视觉通道传递的信息	蜂鸣器、铃、喇叭、哨笛、报警器等
触觉显示	(1)简单并要求快速传递的信息 (2)使用视觉、听觉通道传递信息有困难的场合 (3)视觉、听觉通道负荷过重的场合	电刺激、机械振动、喷气刺激

2. 视觉显示器的分类及特点

（1）视觉显示器的分类　视觉显示器一般分为两大类，即数字显示和模拟显示。两者各有特点，各有其应用范围。

数字显示是直接用数字来显示的，其认读过程简单、直观，只要对单一数字或符号辨认识别就可以了。这类显示器有机械式、数码管式、液晶式和屏幕式等。如计算器、电子表以及列车运行的时间显示屏幕等。

模拟显示一般是用刻度和指针来显示的。其认读过程首先要确定指针与刻度盘的相对位置，然后读出指针所指的刻度值。这类显示器常用的有指针式指示器和指针式仪表，如汽车上的油量表、氧气瓶上的压力表等。

模拟显示器按刻度盘形式可分为圆形、半圆形、偏心圆形、水平弧形、竖直弧形、水平直线、竖直直线和开窗式 8 种，如图 6-1 所示。经科学测试，开窗式读数准确性最好，竖直直线最差，见表 6-2。按指针与刻度盘相对运动方式，分为：指针运动刻度盘固定型，刻度盘运动指针固定型，指针与刻度盘均运动型等。按模拟显示的功用分为：读数用仪表、检查用仪表、警戒用仪表、跟踪用仪表和调节用仪表等。

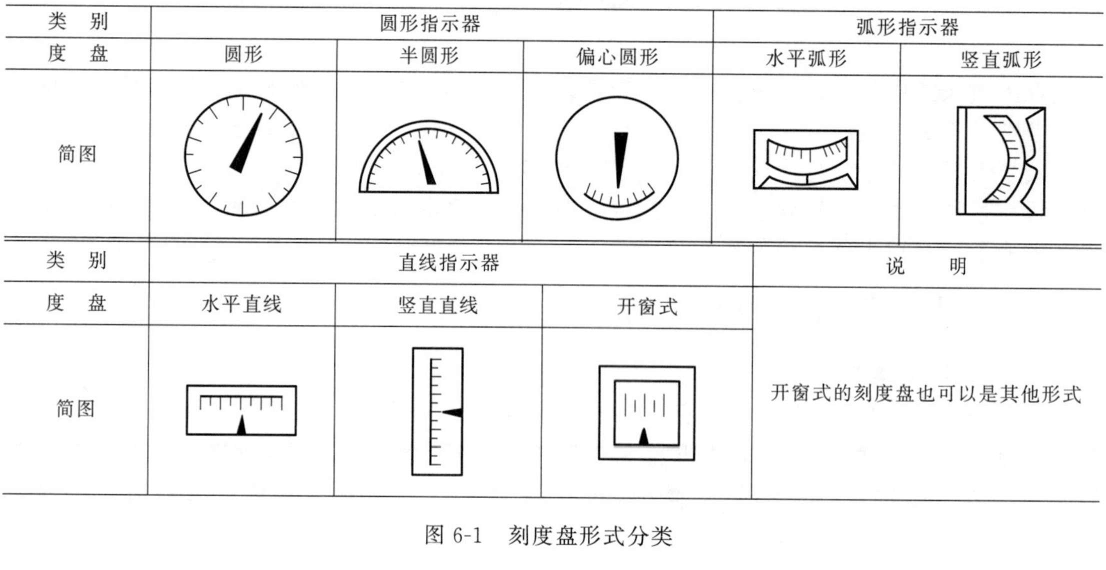

类　别	圆形指示器			弧形指示器	
度　盘	圆形	半圆形	偏心圆形	水平弧形	竖直弧形
简图					

类　别	直线指示器			说　明
度　盘	水平直线	竖直直线	开窗式	
简图				开窗式的刻度盘也可以是其他形式

图 6-1　刻度盘形式分类

表 6-2　五种指示器读数准确性比较

指示器类型	开窗式	圆形	半圆形	水平直线	竖直直线
最大刻度盘尺寸/mm	42.3	54.0	110.0	180.0	180.0
读数错误率/%	0.5	10.9	16.6	27.5	35.5

① 读数用仪表　用具体数值显示机器的有关参数和状态，如高度表、时速表、煤气表等。

② 检查用仪表　用以显示系统状态参数偏离正常值的情况。在使用时一般不需读出准确值，而是为了检查仪表指针的指示是否偏离了正常位置，如示波器类仪表。

③ 警戒用仪表　用以显示机器是否处于正常区、警戒区还是危险区。在显示器上可用不同颜色或不同图形符号将警戒区、危险区与正常区明显区别开来。如用绿、黄、红三种不同的颜色分别表示正常区、警戒区、危险区。为避免照明条件对分辨颜色的影响，分区标志则可采用图形符号，如图 6-2 所示。

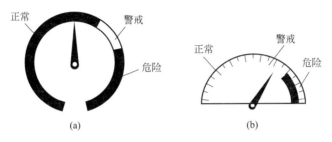

图 6-2　警戒用仪表的形式

④ 追踪用仪表　追踪操纵是动态控制系统中最常见的操纵方式之一，它根据显示器所提供的信息，进行追踪操纵，以便使机器按照所要求的动态过程工作。因此，这类显示器必须显示实际状态与需要达到的状态之间的差距及其变化趋势。宜选择直线形仪表或指针运动的圆形仪表，最理想的追踪用仪表是选用荧光屏，它可以实时模拟显示机器动态参数。

⑤ 调节用仪表　主要用于指示操纵调节的量值，而不是指示机器系统的状态。一般采用指针运动式或刻度盘运动式，但最好采用由操纵者直接控制指针刻度盘运动的结构形式。

（2）视觉显示器的特点　数字显示的认读速度比模拟显示快，准确性也高；但数字显示反映不了偏差量。此外，对有些专门测量内容，如液体罐内液位情况变化等，用数字显示目前还不能实现。

模拟显示给人以形象化的启示，使人对模拟值在全量程范围内一目了然，对于测量的偏差值，模拟显示不但反映了偏差量，而且也显示了偏差方向。对用数字显示做不到的，往往改用模拟显示，因此模拟显示在生产中被广泛采用。

模拟式与数字式显示仪表特点的比较见表 6-3。

表 6-3　模拟式与数字式显示仪表特点比较

比较项目	模拟式仪表		数字式仪表
	指针活动式	指针固定式	
数量信息	中:指针活动时读数困难	中:刻度移动时读数困难	好:能读出准确数值,速度快,差错少
质量信息	好:易判定指针位置,不需要读出数值和刻度就能迅速发现指针的变动趋势	差:未读出数值和刻度时,难以确定变化的方向和大小	差:必须读出数值,否则难以得知变化的方向和大小
调节性能	好:指针运动与调节活动具有简单而直接的关系,便于调节和控制	中:调节运动方向不明显,难控制指针变动,快速调节时不宜读数	好:数字调节的监测结果精确,快速调节时难以读数

续表

比较项目	模拟式仪表		数字式仪表
	指针活动式	指针固定式	
监控性能	好:能很快地确定指针位置并进行监控,指针位置与监控活动关系最简单	中:指针无变化有利于监控,但指针位置与监控活动关系不明显	差:不便按变化的趋势进行监控
一般性能	中:占用面积大,仪表照明可设在控制台上,刻度的长短有限,尤其在使用多指针显示时认读性差	中:占用面积小,仪表需局部照明,只在很小范围内认读,认读性好	好:占用面积小,照明面积也最小,刻度的长短只受字符、转鼓的限制
综合性能	价格低,可靠性高,稳定性好,易于显示信号的变化趋势,易于判断信号值与额定值之差		精度高,认读速度快,无误差,过载能力强,易与计算机联用
局限性	显示速度较慢,易受冲击和振动影响,过载能力差,质量控制困难		价格偏高,显示易于跳动或失效,干扰因素多,需内附或外附电源,元件存在失效问题
发展趋势	降低价格,提高精度与显示速度,采用模拟与数字显示混合型仪表		降低价格,提高可靠性,采用智能化显示仪表

二、视觉显示器的功能

各种视觉显示器所显示的规定标志、数码、颜色等符号都是根据人们在生产实际中的需要给予各种各样的约定和做出合乎逻辑的解释。同样一种仪表,可以用来表示量的变化,也可以用来表示质的变化,还可以作为定性显示等。所以就视觉显示器的功能而言,大致可分为以下三种。

1. 定量显示功能

这类显示器无论是以数字显示还是模拟式显示都能够准确地显示某一过程量的变化情况,如压力仪表、速度仪表及温度计等。

2. 定性显示功能

这类显示器通常是以模拟显示的形式或以颜色等来表明机器的某种大概状态、变化倾向或描述事物的性质等。定性显示常注重情况和程度的比较,而较少注意精确的量值,例如,化工生产循环水表的显示只有"过冷"、"过热"和"正常"三个区域。

3. 警告显示功能

这类显示器通常具有非常明显的视觉显示功能。当量变累积到一定临界点时,就会发生质的突变,这时需设置警告性显示器。警告性显示一般分为两级,第一级为危险警告,预告已接近临界状态;第二级是非常警告,说明已进入质变过程。

这类显示器通常以灯光和色彩的闪频为主要表现形式。

三、显示器的选择

显示器能够反映生产过程和设备运行情况的信息,是了解、监督和控制生产过程和设备状况的必要手段。使用哪种显示类型和显示方式,都取决于显示的目的和被显示内容的性质。在生产中,显示器的显示目的各有不同,如有的要求精确的数量显示,有的要求明显的显示某一状态,有的要求显示信息之间的比较等。

显示器的显示状态还有静态显示和动态显示之分,静态显示的显示变化间隔时间较长,每次认读都有足够的时间,显示基本处于静止状态。动态显示则相反,显示处于变动状态。显示变化间隔时间很短,使显示不停地连续变化,处于动态显示过程。

由此可见,显示器显示方式的选择要根据不同的工作场合和不同的工作要求来确定。如定量显示,除尽可能提高其数字、指针、刻度、颜色等的认读率之外,选择静态显示就较为适宜；而警示显示，为满足信号的单纯明显易认之外，动态显示则更易增强其认读率。

对显示器的显示方式的要求，是使操作者能够快速辨别，准确认读，不易失误，不易疲劳。因此，应遵循如下的选择原则。

（1）用尽量简单明了的方式显示所传达的信息，使传达信息的形式有利于直接表达信息的内容，以减少认读失误率。

（2）使用与信息精度要求一致的显示精度，以求最少的认读时间。若精度超过需要，反而使认读困难，增大失误率。

（3）采用与操作人员的操作能力及习惯相适应的信息显示形式，以减少训练的时间和受习惯的干扰而造成的解释不一致的差错。

（4）所采用的显示技术和显示方法与观察条件（如照明、速度、振动、操作位置、运动约束等）相匹配，使显示变化速度与操作者的反应能力相适应。

四、显示器设计

各种显示器应尽可能准确无误地向人传递信息，尽可能减少人的误读，以提高人机系统的可靠性和安全性。因此，在显示器的设计过程中要充分考虑人的视觉特征，从而正确地进行视觉显示器的设计。

人的视觉特征主要包括以下几点。

（1）视野　视野是指人在眼球不动的情况下能够看见的范围，其中包括最佳视觉区（1.5°～3°）、有效视觉区（左右 15°～20°；上 30°，下 40°）、最大视野区（左右 120°；上 55°～60°，下 70°～75°）。视野区的角度与人的头部转角相对应，如图 6-3 所示。

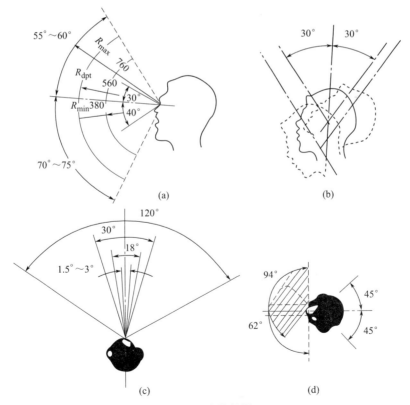

图 6-3　人的视野

（2）视距　视距是指人的眼睛的正常观察距离。一般认为 700mm 为最佳视距，过远和过近都会使人的认读速度和准确性降低。最大视距为 760mm，最小视距 300mm。

（3）色视　人眼对各种颜色的视野范围是不相同的，实验表明，人眼对白色的视野最大，对绿色视野最小，如图 6-4 所示。

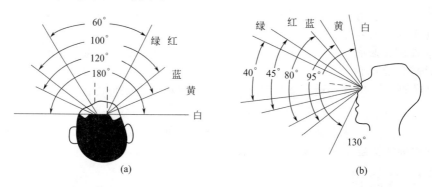

图 6-4　人的色视

（4）运动特性　眼睛的水平运动比垂直运动快；眼睛的垂直运动比水平运动更易疲劳；对周围运动物体的感知力比静止物体容易。

（一）仪表显示器设计的基本原则

在人与机直接的信息传递过程中，仪表显示器的显示质量将直接影响到人的信息接受和处理，这在很大程度上取决于仪表显示设计和选择是否合理。工作中应遵循以下原则。

（1）仪表显示设计应以人的视觉特征为依据，所显示的信息要有较好的可觉察性、可辨性，确保使用者迅速、准确地获取所需要的信息。

（2）仪表显示的信息种类和数目不宜过多。同样的参数应尽可能采用同一种显示方式，没有特殊原因，不应采用不同的方法进行显示。显示器传递的信息数量不宜过多，特别是次要信息过多，会增加接受者的心理负荷。当某一种感觉通道负荷过大时，可使用另一种通道协助接受信息。多重感觉通道比单通道更容易引起注意。

（3）仪表的指针、刻度标记、字符等与刻度盘之间在形状、颜色、尺度等方面应保持适当的对比关系，以使目标清晰可辨。一般目标应有确定的形状、较强的亮度和鲜明的颜色，而背景相对于目标应亮度较低、颜色较暗。

（4）显示格式应简单明了，显示意义应明确易懂，以利于使用者正确理解。使用的信息编码应尽可能做到统一和标准化。

（5）显示信息的量值应有足够的精度和可靠性。

（6）在有多种显示器的情况下，要根据技术过程、各种信息的重要程度和使用频数来布置，重要的显示器应在醒目的位置上。

（7）必须保证在特定作业环境下实现显示信息的功能和作用，保证接受者有最佳的工作条件。

综上所述，设计和选择的视觉显示器的形状、大小、颜色、分度、标记、空间布置、强度、照明、亮度、变化、背景、环境等因素，都必须适合人接受信息的生理和心理特性，使操作者对显示的信息辨认速度快，误读、误听少，可靠性高，并且有助于减轻精神紧张和身体疲劳的程度。

（二）指针式仪表设计

模拟显示的指针式仪表是最普遍和最常用的一种显示器。设计和选择好刻度盘、指针、字符、颜色等视觉内容并使它们之间相互协调，以适合人对信息的接受能力，是降低误读率的重要保证。

对模拟显示的指针式仪表的设计通常要考虑以下因素：

① 是否选择了有利于显示与认读的最佳形式，如颜色、照明和其他感觉系统相配合的条件是否适宜；

② 刻度的划分是否准确，刻度盘上的字符布局是否恰当；

③ 显示器是否可以及时发出信息，并能真实反映设备的当前状态；

④ 显示器的信息含义是否明确，是否会使人误解；

⑤ 在许多信息的情况下，信息是否容易混淆，是否可以明确区分同时显示的不同信息；

⑥ 显示器的布局是否合理，是否布置在人的最佳视觉范围内，并能符合人的视觉流程；

⑦ 显示器是否与操纵装置之间协调对应，与操纵者之间的观察距离是否恰当。

1. 指针式仪表的设计形式

按照指针与刻度盘的不同相对运动方式，指针式仪表可分为回转式和平移式。

（1）回转式　指针绕固定点转动，在回转圆周上标有刻度。这类仪表通常为圆形、半圆形、扇形。指针固定，刻度盘转动，也属此类，如图6-1所示。

（2）平移式　指针与刻度之间的相对运动是沿一直线方向，如图6-1所示。

2. 指针式仪表的刻度盘设计

（1）刻度盘　刻度盘的大小与刻度标记的数量及人的观察距离都会影响到认读的速度和准确性。刻度盘及刻度、刻度线、指针及字符等尺寸过大，虽然清晰度提高了，但眼睛的扫描路线也变长了，反而会影响认读的速度和可靠性，同时也增大了仪表的占用面积；反之，尺寸过小，由于标记过小而不清晰，当然不利于认读。

试验表明，直径为30～70mm的刻度盘，在认读的准确性上没有什么差别，在此范围之外过大或过小都会使误读率上升。

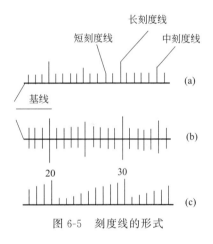

图 6-5　刻度线的形式

（2）刻度　刻度盘上刻度线之间的距离为刻度。刻度的大小是根据人眼的最小分辨能力来确定的。一般在1～2.5mm之间选取，也可大到4～8mm。

（3）刻度线　刻度线一般有长刻度线、中刻度线和短刻度线之分（图6-5）。刻度线的宽度一般取刻度间距的5%～15%，普通刻度线的宽度通常为0.1mm左右。实验研究表明：当刻度线宽度为刻度间距的10%时，读数误差最小。

刻度线的长度，在不同的观察距离可参考表6-4选取。

表 6-4　刻度线的长度

观察距离/m	长　度/mm			观察距离/m	长　度/mm		
	长刻度线	中刻度线	短刻度线		长刻度线	中刻度线	短刻度线
0.5 以内	5.5	4.1	2.3	1.8～3.6	40.0	28.0	17.0
0.5～0.9	10.0	7.1	4.3	3.6～6.0	67.0	48.0	29.0
0.9～1.8	20.0	14.0	8.6				

刻度方向是指刻度盘刻度值的递增顺序方向。通常是根据显示信息的特点及人的视觉习惯来确定。一般都是从左到右，从下到上的顺序方向。

刻度单位是定量显示数值的表示方式，每一刻度线所代表的测量值应尽量取整数，避免采用小数或分数。通常每一刻度表示为1、2、5个单位值，或1×10、2×10、5×10倍。

3. 指针设计

指针是仪表不可缺少的组成部分，尽管它的大小、宽窄、长短和色彩各不相同，但功能是一致的，都是用来指示显示器所要显示的信息。为了准确而迅速地显示信息，指针的大小、宽窄、长短和色彩配置等必须符合监控人员的生理与心理特征。

指针形状应力求简单、指示明确、不附加装饰。指针尖的宽度应与最短的刻度线等宽。指针与刻度盘的配合应尽量贴近。对高精度的仪表，指针与刻度盘必须装配在同一平面内。指针的长度要合适，指针长会覆盖刻度标记，指针短会离开刻度，从而给准确判读带来困难。一般认为指针距刻度 1.6mm 左右为宜。

指针与刻度盘的关系如图 6-6 所示。

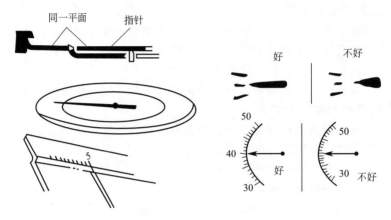

图 6-6　指针与刻度盘的关系

4. 数字立位

刻度线上标度数字在刻度盘上的位置，应与观察者的视觉特点相适应，尽量做到清晰、明了和利于认读，数字要垂直放置。在刻度盘上除刻度线和必需的数字外，不应有多余的装饰，一些说明仪表使用环境、精度的字符应安排在不显著位置。图 6-7 列出刻度盘上数字立位的好与不好的对比情况，可供设计时参考。

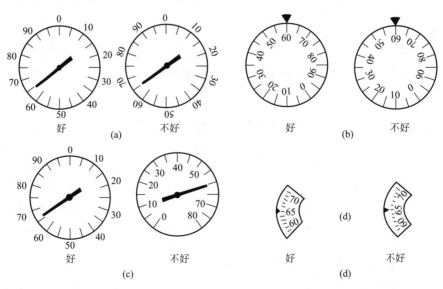

图 6-7　刻度盘上数字的立位

5. 色彩匹配

刻度盘、指针、刻度线、数字之间的配色关系要以提高人眼的视认度为原则。配色要求醒目，条理性强，避免颜色过多而造成混乱。同时还要充分考虑仪表使用过程中与其他仪表之间配色协调，使总体效果舒适、明快。表 6-5 列出了一般配色的明度对比级次，以供参考。

表 6-5　配色的级次

级次		1	2	3	4	5	6	7	8	9	10
清晰	底色	黑	黄	黑	紫	紫	蓝	绿	白	黑	黄
	被衬色	黄	黑	白	黄	白	白	白	黑	绿	蓝
模糊	底色	黄	白	红	红	黑	紫	灰	红	绿	黑
	被衬色	白	黄	绿	蓝	紫	黑	绿	紫	红	蓝

通常在刻度盘明亮的背景上配以黑色（暗色）标志、数字、指针要比在暗背景上配明亮的标志、数字和指针更有利于认读。

（三）数字式仪表设计

1. 数字式仪表的设计形式

数字式仪表能够定量显示机器设备系统运行过程中的精确数值及量的变化。因此，这就决定了数字式仪表是以显示数字为主要内容的基本形式。目前，最常用的有机械式数字显示和电子数字显示两种形式。

（1）机械式数字显示　机械式数字显示主要是依靠机械装置来实现数字的显示和变化。其中一种是把数字印制在可转动的卷筒上，通过感应器使卷筒转动，从而达到数字的变化和显示效果。这种形式结构简单，但不利于检索和控制。另外一种是把数字印制在可翻转的金属薄片上，通过金属片的可控制的翻转来显示数字，这种形式使用方便，且可准确控制显示，但容易出现阻卡现象。

机械式数字显示时，两组数值变化的间隔时间不能少于 0.5s，否则会给认读带来不方便。机械式数字显示的数字符号不宜使用狭长形，否则会因移动而产生视觉变形，不利于认读；数字间隔不宜过大，否则不容易读全数，而造成失误；多位数时，后面零位须表示，而前面的空位可不必用零来补位，空起来反而容易看清楚。

（2）电子数字显示　电子数字显示常见的有液晶显示和发光二极管显示。由于电子显示具有很多优良性能，故被广泛用于各种显示器之中。

电子显示可更方便地与计算机或各种电气系统连接，使之具有更好的可控性。利用不同颜色的电子显示，可以在显示数字的同时又可以进行颜色编码，从而实现多种用途的显示。发光二极管还具有在工作时不需外加照明就能具有较高清晰度的优势。

2. 字符设计

仪表刻度盘上印刻的数字、字母、汉字和一些专用的符号，统称为字符。由于刻度的功能是通过字符加以完备的，字符的形状、大小和立位直接影响着识读效率。因此，字符的设计应力求能清晰地显示信息，给人以深刻的印象。

字符形体设计时，为了使字符形体简单醒目，必须加强各字符本身的特有笔画，突出"形"的特征，避免字体的相似性。图 6-8 中的数码管七段字体由于字体相似，当需要快速识读时很容易误读。

汉字字体对识读效率也有影响，有人曾对正体字和隶书字体的识读率进行试验分析，若以正体字的误读率为 100%，则隶书字体的误读率可达 154%，越是对字体进行修饰，误读率越高。

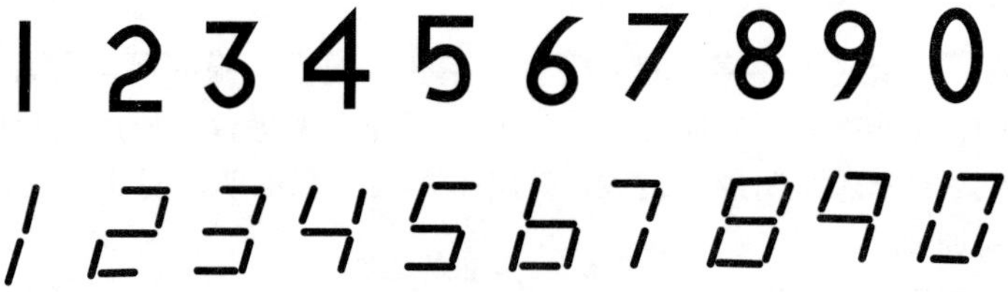

图 6-8　铅字体与数码管七段字体

在汉字大小一定的情况下，识读效率还受视距、照明条件和汉字笔画数的影响。为保证一定的识读效率，视距与笔画数和照明条件需满足下列关系。

$$Y=10.3-0.24n-3\lg E-b \tag{6-1}$$

式中　Y——最大视距，m；

　　　n——笔画数；

　　　E——照度值，lx；

　　　b——与字大小有关的待定参数。

在刻度的大小已定的条件下，为了便于识读，字符应尽可能的大。

字符的宽度与高度之比一般取 0.6～0.8，笔画宽与字高之比一般取 0.12～0.16。笔画宽与字高之比还受照明条件的影响，笔画宽与字高比值的推荐值参见表 6-6。

在字体设计当中还应同时考虑背景和照明的因素。一般情况下不建议采用光反射强的材料做字体的背景，因为强反射背景会产生炫目现象，从而影响认读效果。字体和背景在色彩明度上应对比强一些，以增加清晰度。此外还需根据显示仪表所处环境的照明条件来确定字体与背景的明暗关系。一般而言，仪表处在暗处时，用暗底亮字为好；仪表处在明亮处时，选择亮底暗字为好。

表 6-6　不同照明条件下字符笔画粗细取值

照明和背景亮度情况	字体	笔画宽：字高
低照度下	粗	1：5
字母与背景的亮度对比较低时	粗	1：5
亮度对比值大于 1：12(白底黑字)	中粗～中	(1：6)～(1：8)
亮度对比值大于 1：12(黑底白字)	中～细	(1：8)～(1：10)
黑色字母于发光的背景上	粗	1：5
发光字母于黑色的背景上	中～细	(1：8)～(1：10)
字母具有较高的明度	极细	(1：12)～(1：20)
视距较大而字母较小的情况下	粗～中粗	(1：5)～(1：6)

对于不同照明条件下字体与背景的色彩配置列于表 6-7，可供设计或选型时参考。

表 6-7　不同照明条件下字体与背景的比较

条件	比较	字体	底色	条件	比较	字体	底色
有较好的照明	优↑↓可	黑	白	照明较差	优↑↓可	黑	白
		黑	黄			白	黑
		白	黑			黑	黄
		深蓝	白			深蓝	白
		白	深红、绿、棕色			黑	橙
		黑	橙			深红、深绿	白
		深绿、深红	白	需暗适应的条件	优↑↓可	白	黑
		白	深灰			黄	黑
		黑	浅灰			橙	黑
						红	黑
						蓝、绿	黑

综上所述，设计时，只有充分考虑字体的大小、形状，处理好字体与背景、仪表所处环境的色彩、照明等参数的关系，才能提高认读速度，并减少误读率。

（四）显示装置中报警信号设计

报警信号是显示装置中不可缺少的组成部分，在机器和设备运行过程中发生事故、故障或异常情况时起到通报、警告或提醒的作用。在安全人机系统中，它可以及时提醒操作人员，避免人身伤害和财产损失，从而大大提高系统的安全性。

1. 报警信号的设计原则

报警信号在设计中应遵循以下的设计原则。

① 信号装置应布置在操作者或监视人员较容易发现和感觉到的位置。

② 信号装置的作用能力（如闪烁频率、持续时间、声压、响度等）应保证操作者能够迅速而准确地反映到信号的最佳可能性。

③ 信号装置发出的信号应该简单、明显、清晰、单一，以保证操作者迅速反应和正确地采取措施。

④ 要确保信号输出的可靠性，对极为重要和保证安全的信号装置要避免设置在噪声强、光色混乱及单一操作人员的作业环境内。

2. 常见的报警信号

显示装置中报警信号常用的有光信号器和音响显示器。

（1）光信号器　光信号器包括信号盘、仪表盘上光色显示器、信号灯。它是一种形式简单的视觉显示器。光信号器的主要作用是显示各种不同的工作状态，如静止状态、正常状态、特殊状态和紧急状态。操控者可以根据信号器显示的状态，进行设备的操纵。

通常，光信号器可以通过不同的颜色（安全色）显示各种状态。

光信号器除颜色外，还配以各种图形和文字，进一步说明和显示。如表示"禁止""前进""后退""通行""暂停"等。

对于显示危险信号的光显示器可以采用闪频的形式，以提高人的注意力。对于红色，闪频率为 $2\sim4Hz$；黄色，闪频率为 $0.5\sim1Hz$。发光和熄灭的时间比为$(1:1)\sim(4:1)$。

（2）音响显示器　音响显示器在示警、警告方面起着比其他显示器更为有效的作用。

常见的音响显示装置有以下几种。

（1）蜂音器　是音响显示器中声压级最低、频率也较低的一种装置。它较柔和地提醒人注意，一般不会使人感到紧张和惊恐，适用于较宁静的环境。

（2）铃　比蜂音器有较高的声压级和频率，常用于有较高强度噪声的环境里。

（3）角笛　可发出声压级在 $90\sim100dB$、低频率的吼声，以及高声强、高频率的尖叫声，适用于高噪声环境。

（4）汽笛　具有高声频和高声强，适用于紧急状态的声音报警。

（5）报警器　声音强度大，频率由低到高或由高到低，发出的声音明显而富有上升和下降的调子，可以抵抗其他噪声的干扰，以加强人们的注意和接受效果。

在安全人机系统中，音响显示装置具有特殊价值，一般设计要求如下：

① 音响信号传播距离很远时，音响显示器应使用大功率，且避免高频；

② 在有背景噪声的场合，要把音响显示器的频率选择在噪声掩蔽效应最小的范围内；

③ 希望声音绕过障碍物或通过隔墙的时候，可使用低频率的音响显示器；

④ 希望引起人们注意的场合，音响显示器要用断续的音响信号或用改变频率的方法，使之富有上升和下降的音调，可获得较好效果；

⑤ 需要证实音响信号是否达到预定位置或辨别信号性质的场合，音响显示器要装有发出信号和接收返回信号的"开"与"关"的控制装置，并保持信号传递的连续性。

（五）显示器布局

1. 指针式仪表群的布局

指针式仪表群主要用于检查显示，监控者往往是对多个相同形式的仪表同时进行观察，这样多个相同形式的仪表就构成了一个仪表群，并表征机器或设备整个系统的运行状态。

当机器或设备的整个系统运行状态正常时，许多仪表指针都处于稳定的显示状态；一旦某一部分出现异常，相关的那个仪表就会出现变位显示。因此，仪表群的布局应当有利于发现这种异常。实验研究表明，当每一个仪表在仪表群的排列中，其零点位置方向都一致时，认读异常变位时的效果最佳。图 6-9 中将 16 只仪表排成两种方式：图 6-9（a）为所有指针一律向左；图 6-9（b）为仪表分左右两组，每组内两只仪表指针相对；图 6-9（c）为分上下 2 组，每组内两表指针相对；图 6-9（d）分为 4 组，每组指针指向中心。通过认读的试验结果表明：图 6-9（d）效果最差；图 6-9（c）优于图 6-9（b）；图 6-9（a）效果最好。按图 6-9（a）排列方式还可有指针方向全部朝上、朝右和朝下的情况，其效果均佳。

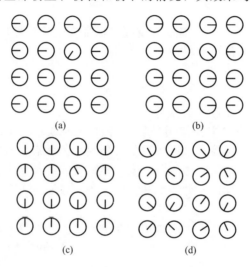

图 6-9　仪表群的布局

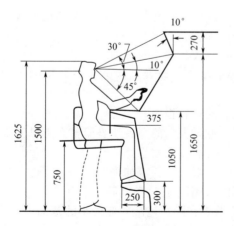

图 6-10　盘面尺寸与视野界限

2. 显示器板面布局

（1）显示器板面的尺度与视野界限　显示器板面的水平方向和垂直方向的尺度应适合于人的视界范围。为了在水平方向上能使视线迅速有效地扫视，显示器板面的宽度应在人的视角 30°～40°范围内，当头部转动时，水平视界的范围不超过 90°。在垂直方向上，最佳的视角范围为视平线以下 0°～30°。允许布置的界限是从视平线起，向上 30°，向下 45°。

如图 6-10 所示为在垂直方向上，站坐综合式使用的显示器板面的尺寸及视野界限。

（2）显示器板面的最佳认读范围及布局　根据实验结果，在距离显示器板面 80cm 的情况下，若眼球不动，水平视野 20°范围内为最佳认读范围，其正确认读时间约为 1s。当水平视野超过 24°以后，正确认读时间开始急剧增加。因此，水平视野 24°以内为最佳认读范围。

各种显示仪表在板面上的布局首先要根据视觉运动的规律，使仪表的排列顺序与它们的认读顺序相一致。将互相关联的仪表尽量靠近排列。比如，同一工序所用仪表要布置在同一仪表盘面上。当仪表数量较多时，为了便于区分和认读，可划分成若干个功能区，并用不同的括线和线框加以区分，如图 6-11 所示。

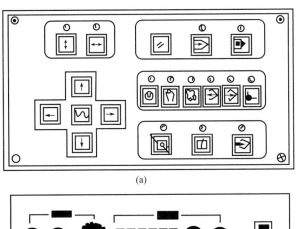

(a)

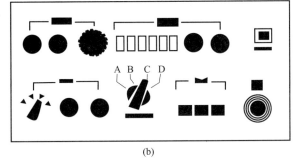

(b)

图 6-11　不同功能区的划分

根据显示器板面最佳认读范围的划分可将板面划分为 6 个布局区域，如图 6-12 所示。按仪表的功能和重要程度在这 6 个区域内进行布局。

通常，在显示盘面上安装的仪表，根据用途可分为生产管理仪表、过程控制仪表及操纵监视仪表。按其重要性与操纵要求，可按下列方法布局：

① 区为最佳认读区，可布置最重要的显示仪表，如重要设备、关键仪器运行情况的仪表；

② 区可布置需要经常观察和记录的各式仪表；

③ 区可布置对生产过程有指导意义的生产管理仪表，如总电压电流表、物料总流量及紧急报警装置等，它们的位置应在人的身高以上比较醒目的地方；

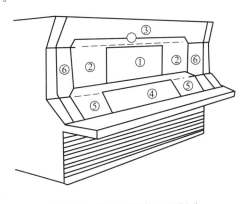

图 6-12　仪表群功能区的划分

④ 区是显示盘面的操纵部分，可布置启动、停车的按钮，显示转换键等装置；

⑤ 区可布置不常用的操纵和控制显示转换的一些装置及电话等；

⑥ 区一般布置不重要或不常用的显示装置。

3. 显示器板面的总体形式

为了保证工作效率和减少疲劳，在设计显示器总体形式时，应当考虑让操纵者减少头部和眼睛的运动，更不必移动座位，就可较方便地认读全部仪表。为了达到这个要求，一般可

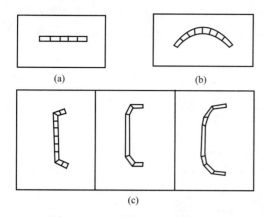

图 6-13　显示器板面的总体布局

根据仪表板面的数量和控制室的容量，选择下列几种布局方式，如图 6-13 所示。

（1）直线形布局　如图 6-13（a）所示，这种形式结构简单，安装方便，适用于显示盘面尺度小的情况。

（2）弧形布局　如图 6-13（b）所示，这种形式的结构可以整体呈弧形，也可组合成弧形，在结构和安装上较复杂，但视觉条件好，眩光不严重，一般适用于中型控制室。

（3）弯折形布局　如图 6-13（c）所示，这种形式一般为组合成型，结构和安装比较简单，视觉条件好，可根据需要和仪表数量的多少灵活地组合。图中的几种弯折形式适合于大中型控制室。

显示装置的布局要充分考虑认读方便性。图 6-14 中示出了几种错误的显示布局方式。

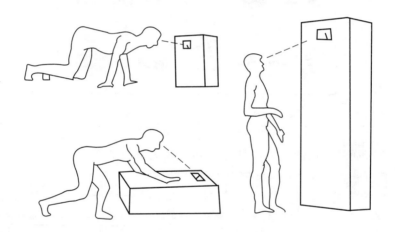

图 6-14　几种错误的显示布局方式

图 6-15 中给出了单人使用显示装置板面及控制台的基本尺寸。

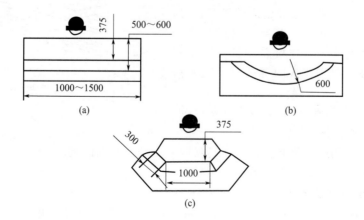

图 6-15　单人使用显示装置板面及控制台的基本尺寸

4. 信号灯的位置

信号灯应布置在良好的视野范围内，使观察者有利于发现信号。并尽量不要使观察者扭转头部或躯干才能发现。

当操纵控制台上有多种视觉显示器时，应避免与信号灯互相干扰和重复。如强亮度信号灯应离弱照明的显示仪表远些，以免干扰对该仪表的认读。当必须靠近布置时，信号灯的亮度与仪表照明亮度相差不宜过大。

多个信号灯同时使用时，往往会冲淡对主要信号的警觉性，所以应按功能的重要程度加以区分或划出间隔。

第三节　操纵控制器设计

当操纵者通过显示装置得到机器设备或环境的显示信息之后，就要通过控制装置将人的控制信息传输给机器。由此可见，显示装置与控制装置是协调人机关系的一座"桥梁"。人们通过这个"桥梁"来合理地使用机器，实现预计的目的。

任何一台机器或设备的控制装置是人们有效地使用机器的重要部件之一。控制装置的可靠性及有效度，直接关系到人机系统的安全性。合理的控制装置可使操纵者能够准确、迅速、安全地进行操作，并可以增加操纵者的舒适性，减少紧张和疲劳。生产中的许多失误和事故往往和控制装置的不合理设计有关。

因此，控制装置除具有完成对机器的基本控制功能之外，还必须充分考虑人的因素，如控制装置的形式、位置、方向、精度、作用力等参数都要适合人的生理特点和心理习惯。

一、操纵控制器的类型及选择

（一）操纵控制器的类型

操纵控制器的类型很多，一般常用下列方法分类。

1. 按操纵方式划分

① 手动控制器　如各种手柄、按钮、旋钮、选择器、手轮等。

② 脚动控制器　如脚踏板、脚踏钮等。

这些控制器与人的肢体有关，其外形、大小、位置、运动方向、运动范围和所需操纵力等，都要适合人的生理特征，以便于手和脚的操纵。

2. 按控制器的功能划分

① 开关控制器　用于简单的开或关，启动或停止的操纵控制，常用的有按钮、踏板、手柄等。

② 转换控制器　适用于系统当中不同状态之间的转换操纵控制，如手柄、选择开关、转换开关、操纵盘等。

③ 调整控制器　用于调整系统中工作参数定量增加或减少的操纵控制，如旋钮、手轮、操纵盘等。

④ 制动控制器　用于紧急状态下启动或停止的操纵控制。要求灵敏度高，可靠性强，如制动闸、操纵杆、手柄、按钮等。

3. 其他控制器

其他控制器主要指光控制器和声控制器等，它们通常是利用传感元件将非电量信号转换成电信号，以便进行启闭开关或开关电路，实现控制的目的。

（二）控制器的选择

1. 按控制器功能选择

机器设备的不同运行状态决定了控制器的功能。如系统工作状态的启闭，选择按钮开关比较适宜；系统的定量调节，宜选用旋钮和手轮的形式；计算机的数据输入则使用键盘等。表 6-8 列出各种控制器适用不同功能的情况，表 6-9 为各种控制器使用情况的比较。

表 6-8　各种控制器适用使用功能

控制装置名称	使用功能				
	启动	不连续调节	定量调节	连续控制	输入数据
按钮	○				
钮子开关	○	○			
旋钮选择开关		○			
旋钮		○	○	○	
踏钮	○				
踏板				○	○
曲柄				○	○
手轮				○	○
操纵杆				○	○
键盘					○

注：○表示具有该种使用功能。

表 6-9　各种控制器使用情况的比较

使用情况	按钮	旋钮	踏钮	旋转选择开关	钮子开关	手摇把	操纵杆	手轮	踏板
需要的空间	小	小-中	较小	中	小	中-大	中-大	大	大
编码	好	好	差	好	较好	较好	好	较好	差
视觉辨别位置	可	好	差	好	好	可	好	较好	差
触觉辨别位置	差	可	可	好	好	可	较好	较好	较好
一排类似控制装置的检查	差	好	差	好	好	差	好	差	差
一排控制装置的操作	好	差	差	差	好	差	好	差	差
合并控制	好	好	差	较好	好	差	好	好	差

2. 按工作要求选择

控制器的工作要求主要包括：工作精度、操纵力大小等内容。表 6-10 是在不同工作情况下选择控制器的建议。表 6-11 为用于追踪的控制器选择。

表 6-10　不同工况下选择控制器的建议

工作情况		建议使用的控制器
操纵力较小情况	2 个分开的装置	按钮、踏钮、拨动开关、摇动开关
	4 个分开的装置	按钮、拨动开关、旋钮、选择开关
	4~24 个分开的装置	同心成层旋钮、键盘、拨动开关、旋转选择开关
	25 个以上分开的装置	键盘
	小区域的连续装置	旋钮
	较大区域的连续装置	曲柄
操纵力较大情况	2 个分开的装置	扳手、杠杆、大按钮、踏钮
	3~24 个分开的装置	扳手、杠杆
	小区域连续性装置	手轮、踏板、杠杆
	大区域连续性装置	大曲柄

表 6-11　用于追踪的控制器选择

追踪信号的运动形式	适宜的控制器类型	方案比较	追踪信号的运动形式	适宜的控制器类型	方案比较
圆形	圆形转动	最好	直线	直线移动	中等
直线	圆形转动	好	圆形	直线移动	一般

3. 操纵控制器的选择原则

正确地选择控制器的类型对于保障安全生产、提高功效极为重要，控制器选择的一般原则可包括：

① 对于快速而精确度高的操作，一般采用手控或指控装置；
② 对于操纵力较大的操作，采用手臂及下肢控制；
③ 手动控制器应安排在肘和肩高度之间且容易接触到的位置，并且易于看到；
④ 用于紧急制动的控制器应尽量与其他控制器有明显区分，避免混淆；
⑤ 控制器的类型及方式应能适合人的操作特性，以避免操作失误。

二、控制系统的影响因素

（一）操作失误及其相关因素

1. 操作失误的种类

人们在操纵控制器时，除机器设备或系统本身的故障引起事故之外，生产过程中也有许多事故是由于操作失误引起的。这些操作失误不仅与操作人员缺乏训练或思想不集中有关，而且还与控制器设计没有充分考虑人机协调关系有关。因此，充分重视控制系统中的人机协调性，是减少操作失误、提高工效、保障安全生产的关键。

操作失误通常有以下4种情况。

（1）置换错误 即不同功用的控制器安装在一起，其相互关系不易辨别时，操作者本应操作甲控制器却操作了乙控制器而发生的错误。导致置换错误的主要原因是不同功用的控制器位置安排不适当或控制器的识别标志不明显。

（2）调节错误 即调节控制时，调错控制器的位置，致使机器或设备的运行状态发生错误。如自动走刀机床的进刀深度及速度的控制，通常是浅进刀，速度快；深进刀，速度慢。如果在控制调节时，错误地把进刀深度与速度控制调节弄反，设备便会损坏，造成事故。

（3）逆转错误 操作控制器时，操作的方向与实际需要的方向相反，因而产生逆转错误。导致逆转错误的原因是控制器的运动方向不符合人的操作习惯，控制器的方向与机器的运转方向或与指示器的方向缺乏逻辑上的联系，或控制器本身缺乏醒目的导向标志。

（4）无意的操作错误 如在使用控制器时忘记复位或固定、操作时间不准确或操作不小心等，都能造成无意的错误。其原因有：①控制器本身缺乏复位装置或某种报警信号系统；②操纵部件的阻力不够，手感不强，操作时难以感觉出操纵量的大小；③控制器的配置量和操纵力超过了人的操作能力，使人难以顺利地完成操作。

2. 操作失误的相关因素

引起操作失误的因素除人机系统中的协调性不够之外，还有其他很多因素，如控制器与操作者的相对位置、作业环境、操作者的精神状态和疲劳程度等。这些因素在本书的其他章节中专门研究。这里仅讨论在生产过程中，由于劳动保护用品引起操作失误的相关因素。

（1）手套 戴手套会妨碍手部感受控制器的反馈信息。原因是手套在皮肤与控制器之间起到软隔层的作用，较小的反馈作用力会被手套吸收掉，使皮肤感觉不到。特别是较厚材质且较硬的手套，使操纵者对控制器的压力更不敏感，对利用形状进行编码的小型控制器更难以识别。手套还会妨碍手指的灵活动作，使抓握操纵器发生困难，或手部过早地出现静力疲劳。在生产过程中，手套上的油污易造成抓握时打滑。因此，在设计控制器时要事先明确操作时是否戴手套或带什么材质的手套，以便在设计时夸大控制器的形状特征和加大防滑的粗糙程度。

（2）鞋 鞋底的性质也会影响脚对反馈信息的感受。使用脚操纵控制器时，过厚、过硬的鞋底会影响到工作质量和引起操作失误。曾有人对女汽车司机穿高跟鞋与平底鞋工作时，做过对比实验。结果表明，穿高跟鞋时反应时间减慢 0.1s，因而增加了不安全因素。所以在安全人机系统中，应根据控制器的不同特点和操作情况对工作用鞋提出相应的技术要求。

（3）工作服　工作服的作用是在生产中用于抵抗外界对人体的各种不利影响。如火车司机、飞机驾驶员、重型机械操作人员、寒冷或过热条件下的操作人员、辐射或其他对人有伤害条件下的操作人员、宇航人员、水下人员等，都需要根据操纵工作的特点、劳动效率和安全防护要求等，穿着专用的工作服。工作服装对生产中的人机系统安全性及效率起着重要影响，主要有以下 3 个方面。

① 保证人的生命得以正常维持，应考虑的因素有衣服的保温性能、隔热性能、透气性能、吸湿性能等。

② 为操作控制提供最大的方便，有利于提高工作效率。相关因素有衣服的厚度、硬度、弹性、强度等。过硬、过厚或过于紧身的服装会影响动作灵巧性和准确性；服装的样式、合体程度也会影响操作的方便性。

③ 保障操作系统安全。不同的控制装置，根据人身安全和机器安全的需要，对服装有着不同的技术和式样要求。如对衣料的防水、防火、防尘、防污染、防静电和绝缘等的要求；式样要考虑到能避免诸如衣服被机器绞住等情况，以防止意外伤害。

（二）控制器的工效因素

1. 控制反馈

人在操纵控制器时，控制器的状态要及时地通过人的手、脚、眼或其他器官反馈给操作者，以保证操作的可靠性及有效性。

控制器反馈的方式除已介绍过的仪表显示之外，还常用以下几种形式。

（1）光显示　即在控制器上装有灯光显示。比如，将按钮做成透明体，内设小灯，当按钮到位时，按钮即发光。这样不仅可以表明操作控制器的到位，还可以显示按钮的位置状态，提示操作者注意。还可以在控制按钮以外的相应位置上用不同色光的联动装置来表示操作控制器到位的情况。

（2）声响显示　即在控制器上设置声响装置（如"咔哒"声），这种声响常由控制器定位机构中自动发出，也可以装设专门的联动声响装置。

（3）操纵阻力　操纵阻力是控制反馈的主要因素。阻力过小会使操纵者感觉不到反馈信息而对操作情况心中无数；阻力过大又会使控制器的动作不灵敏，难以驾驭，而且也容易造成操纵者提前产生疲劳。

操纵阻力的大小与控制器的类型、位置、移动距离、操作频率、作用力的方向等因素有关。一般操纵力必须控制在该施力方向的最佳施力范围内，而最小阻力应大于操作人员手脚的最小敏感压力。表 6-12 列出不同控制器的最小阻力。

表 6-12　不同控制器所要求的最小阻力

控制器类型	所需最小阻力/N	控制器类型	所需最小阻力/N
手动按钮	2.8	手轮	22
扳动开关	2.8	手柄	9
旋转选择开关	3.3	脚动按钮	5.6（如果脚停留在控制器上）17.8（如果脚不停留在控制器上）
旋钮	0～1.7	脚踏板	44.5（如果脚停留在控制器上）17.8（如果脚不停留在控制器上）
摇柄	9～22		

控制器到位时应使阻力发生明显的变化，以作为反馈信息传达给操纵者。这种变化可以是操纵到位时阻力突然变小或阻力突然变大两种情况，如图 6-16 所示。如果是多挡位控制

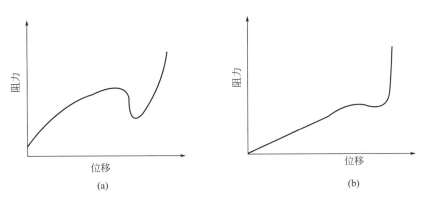

图 6-16　控制器操纵阻力的变化

器，每个挡位都应该有这种阻力的变化反馈给操纵者。

2. 控制显示比

它是指控制器的操作量与显示器（指示器）的显示量之间的一种比例关系，如图6-17所示，其表达式为：

$$B = \frac{C}{D} \tag{6-2}$$

式中　B——控制显示比；

　　　C——控制器的移动或转动量；

　　　D——显示器（指示器）的改变量。

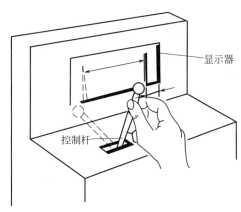

图 6-17　控制显示比

如操作时，操纵杆移动 20mm，显示器上的目标位移为 5mm，其控制显示比：

$$B = \frac{C}{D} = \frac{20}{5} = 4$$

又如旋钮调节时，当旋钮转动 1 个单位，指示器指针移动 5 个单位，则控制显示比：

$$B = \frac{C}{D} = \frac{1}{5} = 0.2$$

显然，B 值大，说明控制器改变量大，而显示器的改变量小；B 值小，则说明控制器很小的改变量即可产生较大的显示器改变量。

通常，在定量调节和连续控制中，对于粗调节或要求快速到位的场合采用较小的 B 值；而对于精调节采用较大的 B 值更容易控制，但到位耗时较长。

3. 控制器的运动方向

应尽量使控制器的操作方向与系统过程的变化方向一致，这样设计有利于操作人员记忆和辨认，以提高操作效率。

试验研究也表明，控制器的操作方向与系统变化方向的偏离越大，操作者所产生的操作误差越大。

（三）操纵装置的特征编码与识别

为了明示操纵装置的位置和状态，确认操作的准确性，操纵装置应各具特点，以便于操纵人员记忆和感受信息，从而保证操作的正确性。当许多操纵方式相同的操纵装置设置在一起时，赋予每个操纵装置独有的特征和代号，就是所谓操纵装置的编码。显然，操纵装置编码在设计中具有非常重要的意义，有利于减少误操作和提高工作效率。编码的形式通常有以下几种。

1. 形状编码

将各种不同功能的操纵装置设计成各种不同形状，以其特有的形状实现便于区分的目的的编码称为形状编码。

形状编码可以减轻视觉负担，便于利用视觉和触觉进行识别。操纵装置形状编码最好能反映其功能特征，力求使形状与其功能有某种逻辑上的联系，形状编码应尽量简单，以容易识别，即使操作者戴上手套或盲目操纵时也能区分清楚。图6-18列出了飞机上几种操纵装置的形状编码。

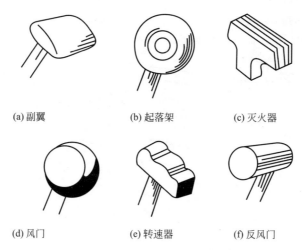

(a) 副翼　　　　　(b) 起落架　　　　　(c) 灭火器

(d) 风门　　　　　(e) 转速器　　　　　(f) 反风门

图6-18　飞机操纵装置形状编码示例

如图6-19所示为旋钮的形状编码。其中，图6-19(a)和图6-19(b)类旋钮适合用于360°以上旋转操作；图6-19(a)、图6-19(b)和图6-19(c)三类旋钮之间不易混淆，而同一类间则易混淆；图6-19(c)类适合用于小于360°旋转操作；图6-19(d)类适合用于定位指示调节。

2. 位置编码

利用安装位置不同区分操纵装置，称为位置编码。位置编码需与人的操作程序和操作习惯相一致。若将位置编码标准化，操作者可不必注视控制对象就能正确进行操作。如汽车上的离合器、制动器和加速器的踏板就是采用位置编码设计的。

3. 颜色编码

利用颜色不同来区分操纵装置，称为颜色编码。颜色编码受使用条件限制。因为颜色编码只能在照明条件较好的情况下才能有效地靠视觉分辨。颜色种类不宜过多，否则容易混

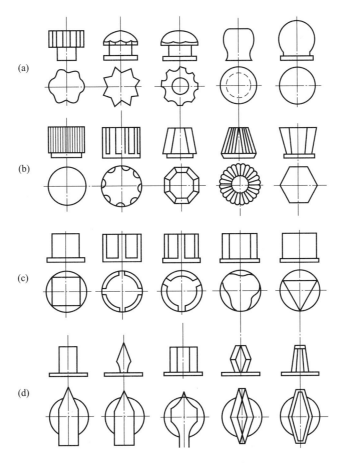

图 6-19 旋钮的形状编码示例

涫，而不利于识别。如果将颜色编码与位置编码及形状编码组合使用，效果更佳。

4. 符号编码

符号编码是指将符号或文字标示在操纵装置上以区分不同的操纵装置。当采用符号编码时，要充分考虑相关因素。说明文字应在与操纵装置的显著位置处，内容简洁明了（可选择通用的缩写），字体清晰、规范；此外，要有充足的照明条件。

符号编码一般作为形状编码、位置编码的辅助标记。

三、操纵控制器的设计

（一）手动操纵装置的设计

在肢体动作中，手的动作最灵敏，所以手的操作占的比例最高。

1. 旋转式操纵装置的设计

常见的旋转式操纵装置有旋钮、手轮、摇柄、十字把、舵轮及手动工具等，如图6-20所示。

（1）旋钮的设计　旋钮是应用最广泛的一种手动操纵装置。一般为单手操纵。按其使用功能分成三种：第一种可旋转角度为360°或大于360°；第二种旋转角度小于360°；第三种为定位转动，一般用于传递重要信息。旋钮的形状如图 6-19 所示。

旋钮的设计主要根据使用功能和人手相协调的要求进行。

① 旋钮的形态设计　旋转角度 360°及以上的旋钮，其外形可以设计成圆柱或锥台形；

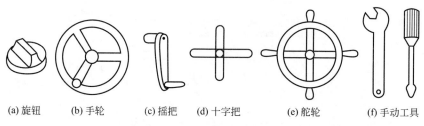

| (a) 旋钮 | (b) 手轮 | (c) 摇把 | (d) 十字把 | (e) 舵轮 | (f) 手动工具 |

图 6-20 旋转式操纵装置示例

旋转角小于 360°的旋钮，可以设计成接近圆柱形的多边形；对于定位转动的旋钮，因其传递的信息比较重要，最好设计成简洁的多边形，以用来强调指明刻度或工作状态。

为了使操作时手与旋钮间不打滑，可将旋钮的周边加工出齿槽或多边形以增大摩擦力。对于带凸棱的指示型旋钮，由于手执握和施力的部分为凸棱，因而凸棱的大小必须与手的结构和操作活动相适应，以提高操作效率，如图 6-21 所示。

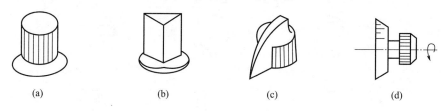

| (a) | (b) | (c) | (d) |

图 6-21 旋钮的形态

② 旋钮的尺寸　旋钮的尺寸大小应根据操作时使用手指和手的部位而定。比如，旋钮直径要以能够保证动作的速度和准确性为前提进行设计。通常旋钮的尺寸是按操纵力确定的，尺寸过大或过小都会使操作者不舒服，进而影响操作的可靠性。具体尺寸可参考表 6-13。

表 6-13　旋钮的尺寸与操纵力

旋钮直径/mm	10	20	50	60～80	120
操纵力/N	1.5～10	2～20	2.5～25	5～20	25～50

（2）手轮和曲柄的设计　手轮和曲柄都是作旋转运动的手动操纵器，可以连续旋转，常用于机械设备的控制。如机床的手轮、汽车的方向盘等。

① 手轮和曲柄的回转半径　不同情况下手轮和曲柄的旋转半径见表 6-14。曲柄的几种形态和不同负荷下的极限值如图 6-22 所示。

表 6-14　手轮和曲柄的旋转半径

手轮及曲柄	应用特点	建议采用的 R 值/mm
	一般转动多圈	20～51
	快速转动	28～32
	调节指针到指针刻度	60～65
	追踪调节用	51～76

② 手轮和曲柄的操纵力　一般而言，单手操作时操纵力为 20～130N，双手操作时操纵力不超过 250N。

③ 手轮和曲柄的安装位置　手轮和曲柄的操作速度与操作者及机器的位置密切相关。如对于快速转动，手轮和曲柄转轴与人体平面宜成 60°～90°夹角；当操作力较大时，手轮和

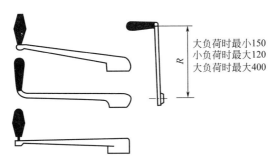

大负荷时最小150
小负荷时最大120
大负荷时最大400

图 6-22　曲柄的形态和尺寸

曲柄的转轴与人体平面应相互平行，且曲柄应设置在比操作者的肩略高的位置，以便于施力。

（3）钥匙、旋塞　当对安全有特殊要求时，或者为避免非授权操作、无意识调节等情况发生，可采用钥匙控制。通常钥匙只适用于保持在一个工位上的调节。

当要求无级调节或分级开关操作时可选择旋塞。旋塞应设计成指针或带有指示的标记。

2. 移动式操纵装置的设计

（1）切换开关的设计　切换开关亦即拨动开关。常用于快速切换、接通、断开和快速就位的场合，一般只有开和关两个切换位置，特殊情况下有三个切换位置。

切换力一般为 3～5N。用手指切换时最大力为 12N；用全手切换最大力不超过 20N。

（2）手闸的设计　手闸用于操纵频率较低的操作。如果操纵阻力不大，可作为两个终点工位间的精确调节。手闸的特点是其工位容易保持且可以看见和触及。手闸的操作行程为 10～400mm，操纵力为 20～60N。

（3）指拨滑键的设计　指拨滑键按受力分成两类。

① 驱动滑键的力通过滑键的凸起形状传递，允许控制两个以上及无级调节。其特点是调节量与移动量成正比，调节迅速并能保持调节位置。

② 驱动滑键的力通过滑键表面与手之间的摩擦力传递，一般只允许两个工位的调节。其特点除了调节量与移动距离成正比外，还可以防止无意识操作。

3. 按压式操纵装置的设计

按照按压式操纵装置使用情况和外形分为按钮和按键两种。

（1）按钮的设计　按钮主要用于两个工位控制，如机器设备的启动或停止。

按钮应该能够可靠地复原到初始位置，并能对系统的状态作出显示。当手按下按钮，它处于工作状态，手指一离开按钮就自动脱离工作状态并复位，这种称为单工位按钮。如果是一经手指按下后始终处于工作状态，当手指再按下时，它才复到原位的，称为双工位按钮。

按钮的形态设计一般应为圆形或方形。为使操作方便，按钮表面宜设计成凹形。

按钮的尺寸设计及操纵力如下：用食指按压的按钮直径为 8～18mm，方形按钮边长为 10～20mm，压入深度为 5～20mm，压力为 5～15N；用拇指按压的按钮直径为 25～30mm，压力为 10～20N；用手掌按压的按钮直径为 30～50mm，压入深度为 10mm，压力为 100～150N，按钮一般高出台面 5～12mm，行程为 3～6mm，间距一般为12.5～25mm。

（2）按键的设计　按键适用于地方受限或单手同时操纵多个控制器的情形。

按键的尺寸应按手指的尺寸和指端弧形设计。在图 6-23（a）为外凸弧形按键，操作时手感不舒服，适用于小负荷和使用频率低的场合。按键应凸出面板一定的高度以便操作，如图 6-23（b）所示。按键之间应留有一定的间距以避免误操作，如图 6-23（c）所示。按键表面应为凹形以便操作，如图 6-23（d）所示。图 6-23（e）为按键的参考尺寸。对多个按键组合，

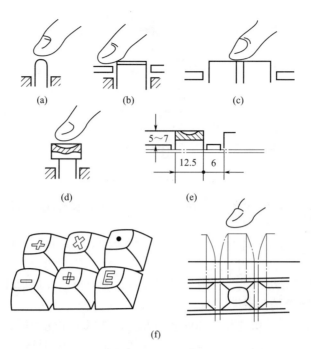

图 6-23　按键的形态和尺寸（单位：mm）

应设计成键盘，如图 6-23(f) 所示。

　　键盘上若需字母和数字时，它们应符合标准。同样，键盘的布局也应符合标准。

　　按键只允许有两个工位，可按不同用途给每个键配以不同颜色。

　　设计以上操纵装置的位置应注意：若操作时躯干保持不动，操纵钮应设计在以躯干为轴且半径为 600mm 区域内；若操作时允许躯干运动，半径为 760mm；常用的操纵钮要设计在以肘为圆心且半径为 360mm 的范围内，若允许肘运动可扩大到半径为 410mm；操纵钮的水平排列不如垂直排列易于分辨；操纵钮间距越小，操纵失误率越高，通常各钮相距 120mm 为宜。

4. 摆动式操纵装置的设计

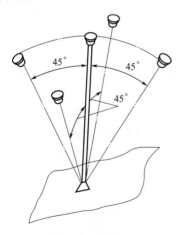

图 6-24　操纵杆

　　(1) 操纵杆的设计　操纵杆的自由端安装有把手或手柄，另一端与机器或设备相连。操纵杆可以根据需要设计成较大的杠杆比，进行阻力较大的操纵。操纵杆常用于一个或几个平面内的推、拉的摆动运动。由于操纵杆的行程和扳动角度的限制，不宜做大幅度的连续控制，也不适宜用做精确调节，如图 6-24 所示。

　　① 操纵杆的尺寸　操纵杆的直径一般为 22～32mm，球形圆头直径为 32mm。若采用手柄，其直径不可太小，否则会引起肌肉紧张，长时间操作会产生疲劳甚至肌肉痉挛。

　　② 操纵杆的位置　操纵杆相对于操作者的位置是设计操纵杆的主要因素之一。当操纵力较大或采用站姿工作时，操纵杆手柄的位置应与肩同高或略低于肩的位置；坐姿工作时，操纵杆的手柄应设在与人肘部几乎等高的位置。这样操纵方便省力、不易疲劳。

　　③ 操纵杆的形成及扳动角度　操纵杆的行程和扳动角度应适合人的手臂特点，尽量做到只用手臂而不移动身躯就可以完成操作。对于短操纵杆（150～250mm），行程为 150～

200mm，左右转角不大于 45°，前后转角不大于 30°；对长操纵杆（500～700mm），行程为 300～350mm，转角为 10°～15°。通常操纵杆的动作角度为 30°～60°，最大不超过 90°，如图 6-25 所示。

④ 操纵杆的操纵力　操纵杆的操纵力，最小为 30N，最大为 130N。使用频率高的操纵杆最大不应超过 60N。如汽车挡位操纵杆的操纵力在 30～50N。

（2）摆动开关设计　摆动开关是手触方式操纵，主要用于两工位的控制，可以单手操纵，也可以同时操纵多个控制器。它的优点是占地少，适用于快速调整或准确调整的场合。摆动开关的行程一般为 4～10mm，其操纵力一般为 2～8N。

（二）脚动操纵装置设计

脚操纵器一般用于系统或机器的快速接通、断开、启动或停止，适用于操纵力较大或机构就位精度要求不高的场合，也可以用在操作量大（操纵频率高）的场合。

1. 脚动操纵装置的形式及操纵特点

脚动操纵装置的设计首先要考虑的是其结构与形式要充分适应人的生理特点和运动特点。

（1）脚动操纵装置的形式

① 脚踏板　脚踏板可分为往复式、回转式和直动式，如图 6-25 所示。

② 脚踏钮　脚踏钮与按钮的形式相似，可用脚尖或脚掌操纵，脚踏表面要粗糙，如图 6-26 所示。

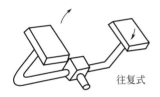
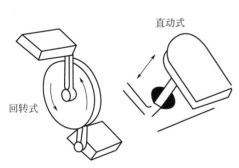
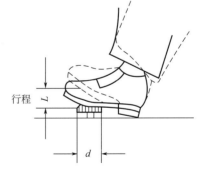

图 6-25　脚踏板类型　　　　　　　　　　图 6-26　脚踏钮

（2）操纵特点　脚动操纵器多采用坐姿操作，只有当操纵力小于 50N 或特别需要时才采用立姿操作。对于操纵力大、速度快和准确性高的操作宜用右脚。而操纵频繁且不是很重要的操作可考虑两脚交替进行。脚踏板操纵方式见表 6-15。

表 6-15　脚踏板（钮）操纵方式

操纵方式	示意图	操纵特征
整个脚踏		操纵力脚踏（大于 50N），操纵频率较低，适用于紧急制动器的踏板

续表

操纵方式	示意图	操纵特征
脚掌踏		操纵力在50N左右,操纵频率较高,适用启动,机床刹车的脚踏板
脚掌和脚跟踏		操纵力小于50N,操纵迅速,可连续操纵,适用于动作频繁的踏钮

　　由于作业时人脚通常是放在操纵器上,为防止误操作,脚动操纵器应设计有一定的启动阻力。它至少大于脚休息时脚动操纵器的承受力。表6-16为脚动操纵器适宜用力的推荐值。

表 6-16　脚动操纵器适宜用力的推荐值

脚动操纵器	推荐用力值/N	脚动操纵器	推荐用力值/N
脚休息时脚踏板的承受力	18~32	飞机方向舵	272
悬挂的脚蹬(如汽车的加速器)	45~68	可允许脚蹬力最大值	2268
功率制动器	直至68	创纪录的脚蹬最大值	4082
离合器和机械制动器	直至136		

2. 脚动操纵装置设计

　　(1) 脚动操纵装置的形态　　应按脚的使用部位、使用条件和用力大小设计脚动操纵装置的形态。常用的脚踏面有矩形和圆形两种。图6-26中脚踏钮的尺寸为:$d=50\sim80$mm,$L=12\sim60$mm。如图6-27所示为脚踏板尺寸。

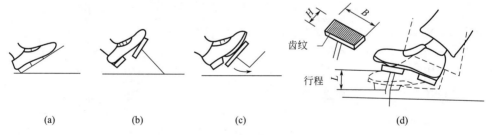

(a)　　　　　(b)　　　　　(c)　　　　　(d)

图 6-27　脚踏板的尺寸

$B=75\sim300$mm;$H=25\sim90$mm;$L=60\sim100$mm

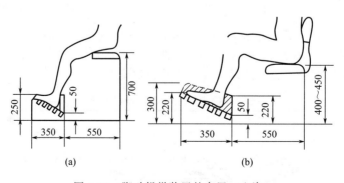

(a)　　　　　　　　　(b)

图 6-28　脚动操纵装置的布置(坐姿)

单位:mm

（2）脚动操纵装置的布置　脚动操纵装置的位置影响操纵力和操纵效率。因此其前后位置要设计在脚所能及的距离之内，左右位置应在人体中线两侧各 10°～15°范围内。对蹬力较小的脚动操纵装置，为使坐姿时脚的施力方便，大、小腿夹角以 105°～110°为宜。如图 6-28（a）所示为脚踏板的空间布置；如图 6-28（b）所示为蹬力要求较小的脚踏板空间布置，仅供设计时参考。若采用立姿操作，其脚动操纵装置空间位置如图 6-29 所示，图中阴影线范围为适宜的工作区域。

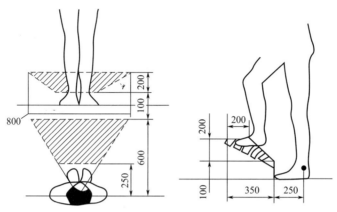

图 6-29　脚动操纵装置的布置（立姿）

单位：mm

习题及思考题

1. 人机界面设计的内容及其意义有哪些？
2. 人机系统中信息界面设计的重点内容有哪些？
3. 试述视觉显示器的分类、特点及功能。
4. 显示器的选择应遵循哪些原则？
5. 对显示器的正确监视与人的哪些视觉特征有关？
6. 仪表显示器设计需考虑哪些基本原则？
7. 指针式仪表的设计通常要考虑哪些因素？
8. 设计显示装置中报警信号应注意哪些问题？
9. 显示器板面的尺度应如何确定？
10. 试述操纵控制器的类型及其功能。
11. 正确选择操纵控制器应遵循哪些原则？
12. 试分析操纵失误与哪些因素有关？为降低操纵失误设计应注意解决哪些问题？
13. 试述手动操纵装置和脚动操纵装置各自的适用范围、分类及其特点。

第七章

安全人机系统的
设计与评价

🖋 学习目标

1. 了解可靠性的定义及量度指标。
2. 掌握人机系统可靠度及系统效能可靠度。
3. 掌握人的可靠性分析。
4. 能够用简单、实用的链式分析法评价一般人机系统设计。
5. 具备一般机械可靠性的设计能力，具有产品维修性设计的理念。
6. 能够对产品的设计错误和人的操作错误进行简单分析。

第一节 人机系统的设计

　　人机系统设计，是一个广义的概念，可以说，凡是包括人和机械相结合的设计，小至一个按钮、开关，一件手工工具，大至一个大型复杂的生产过程、一个现代化（如宇宙飞船）系统的设计，均为人机系统设计。它不仅包括某个系统的具体设计，而且也包括作业、作业辅助设计、人员选择培训和维修等。

一、人机系统设计的重要性

1. 系统设计在工程设计中的地位

一般工程设计，大都可分为六个设计阶段：

① 原理设计，主要解决功能问题；

② 初步设计或叫概略设计，具有总体设计的性质；

③ 人机系统的设计，主要是解决人机关系的一些问题；

④ 结构设计，解决结构形状、尺寸和工艺问题；

⑤ 造型设计，主要是整体外观造型的美观设计问题；

⑥ 完成阶段，包括施工图设计和试制问题。

上述设计过程的各阶段划分虽然不是很严格的，也不一定完全按上述程序进行，但在现代工程设计中，人机系统的设计占着重要的位置，不管何种设计，人机系统的设计都是不可缺少的部分，而且处在较早的设计阶段。

过去，特别是在工业机械化发展的初期，机械设计及其他设计从原理和力学的角度考虑多一些，而考虑人的因素少一些，整个设计没有专门的人机系统设计阶段，结果生产制造出来的工程产品中，有许多并不适合人意，人在操作使用中遇到许多不便，从而酿成了不少伤害事故。在血的教训面前，设计师、人机工程学者、心理学者结合起来，开始根据人的特性，把人与机有机地组成一个系统，即人机系统，并按系统进行设计。这显然是非常重要的。

2. 对人机系统设计的要求

对人机系统设计的要求有以下几点。

① 能达到预定的功能目标，完成预定的任务。

② 在系统中人与机都能发挥各自的作用并协调地工作。

③ 系统接受输入和做出输出的功能，都必须符合设计的能力。

④ 系统要考虑环境因素的影响。例如在工厂里，这个环境因素包括厂房建筑结构、照明、噪声、大气环境等。人机系统设计不单只是处理人和机器的关系问题，而且，应把和机器运行过程相对应的周围环境一并考虑才行。环境始终是影响人机系统的一个重要因素。

⑤ 系统应有完善的反馈信息回路。输入的比率可以进行调整，以补偿输出的变化或者用增减设备和人员的办法，以调整输出来适应输入的变化。

为了使人机系统工作效能尽量提高，人付出的精力（智力和体力）尽量减少，这就要根据人的特征，设计出最符合人操作的机器，最适合手动的工具，最方便使用的操纵器，最醒目的控制盘，最适宜的座椅，最舒适的生活与工作环境等，这些是人机系统设计时总目标，也是人机系统最主要的目的和要求。

二、人机系统设计的评价分析

人机系统的设计和其他设计一样，要进行质量评价。为了得出正确的评价，就要提出较好的评价方法。迄今已提出了许多人机工程的评价分析方法，如应用工业工程（包括价值工程）的方法和自动控制的方法等。这些方法大都理论性较强，过程较烦琐，实用性较差，这里介绍一种比较简便和实用的链式分析法。

1. 链的概念

人与机器、仪表等机器部件的关系可以用一个链的关系来表示。

（1）对应链 在生产作业过程中，人体部位与机械部位的关联，这种关联叫对应链。对应链是由显示器的显示指示到操作者的反应活动过程中形成的链。如操作人员看了压力表后，在很短的时间内，就可得知自己的工作内容；工厂的行车驾驶员，听到调度人员的指挥信号（如吹哨声）开始操作等，这些都是由显示器（如压力表）传给眼睛或通过声音传到耳朵后，完成由开始到结束的工作过程，亦即形成一个链。这种以视觉、听觉或触觉来接受指示形成的对应链，又称显示指示型对应链。

有时，操作人员得到信号或其他信息后，以各种反应动作来操纵各种控制装置。这样的一连串动作的循环过程也形成一种链，它称为反应动作型对应链。

（2）逐次连接链　人在操作某一作业过程中，往往不是一次动作便能达到目的，而是需要多次逐个的连续动作，这种由逐次动作达到一个目的而形成的链关系叫逐次连接链。如人们看电视，一般要经过如下过程：打开开关—选择频道—调节图像—调节音量—离开电视机观看电视等动作，便是一种逐次动作。在此过程中，手去旋动一个旋钮后不缩回身边，而是连续去旋动另一个旋钮，手在旋钮间的移动动作，形成一个个逐次连接链。从开始到完成即为逐次连接链。

根据人与机械的关联情况，在分析时，链又可简单地按各种关联特征称视觉链、操作链、行走链和语言链（谈话）等。

2. 链的分析程序

有了链的概念，就可以用链的关系来分析人机系统，分析机器与操作者之间的配置情况。一般按下列程序进行分析。

（1）确定链的要素　确定人机系统中的主要要素。包括机器和操作人员，同时用一定的符号来表示，见表 7-1。

表 7-1　链分析要素符号

符号	圆圈	小矩形	正方形	三角形	细实线	虚线	点画线
名称	操作者	设备	重要程度	频率	操作链	视觉链	行走链
链连接关系值计算	链连接关系值＝$\sum$（重要程度×频率）						

（2）确定链的形态　确定链的形态，主要是确定出各要素的"重要程度"和"频率"。

（3）计算链值　计算链的连接关系值。把使用的"重要程度"与使用的"频率"相乘，乘积称为链连接关系值。

（4）检核结果　检核最终结果是否达到要求，即分析链的效果。

① 视觉链　配置结果要能使视距适当，视线不受阻挡，清晰度高，照明良好等。

② 行走链　行走路线最短，干扰性最小。

③ 语言链　声音清晰，可以互换，可以准确传达信息。

根据关联情况，对操作链、作业空间及环境因素等都要进行检核。

上述程序不是链的连接形式都相同，根据链连接不同而有所增减，这将在下面进行分析。

3. 对应链分析法

把人机系统中的设备、操作人员及连接的种类都描绘成图，在人与设备的连接图上标明链的连接形式、频率和重要程度，然后进行链连接关系值分析比较。

如图 7-1 所示，对于机械设备的 A 部，操作员看着 B、C 部时，以右手操作；对于 D 部，操作人员看着 B、C 部，以左手操作。对应的操作，都构成对应链。

根据设备的重要程度和使用频率用记分法记到连接图上。比如，A 与 B 的重要程度最高，都记 4 分，其次 D 为 3 分，C 为 1 分。频率的情况是：A 为 3，B 为 2，C 为 3，D

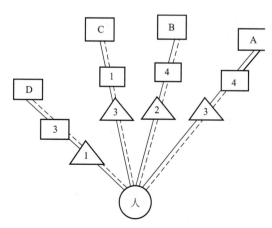

图 7-1　对应连接分析

为1。然后根据对应连接分析图进行连接值计算，其数值见表7-2。

表 7-2　链连接值的计算

机械部分	(1)重要程度	(2)频率	链连接值(1)×(2)	机械部分	(1)重要程度	(2)频率	链连接值(1)×(2)
A	4	3	12	C	1	3	3
B	4	2	8	D	3	1	3

　　根据计算的链连接值，可以调整设备与人的关系。得出较佳的人机系统设计。比如，A 与 B 的链连接值最高，因而 A 与 B 的配置应尽量靠近操作者，使操作者对 A、B 两部分的使用条件（如操作条件和视觉条件）最佳，而 C 和 D 链连接值都较低，可以离操作者远些。

4. 链式作图分析法

　　链的概念概括为人与机器或人与人之间的组合关系。比如，某人必须同其他人说话时，这个必要性由他们之间的一种连接（链）来表示；同样，若某人要操作机器和观察有关显示仪表，则他和机器的关系也用链连接来表示。分析步骤如下。

　　（1）系统中的人用圆圈表示（图7-2），在圆圈内标上人的功能符号（如无线电工作者标上"1"，航海工作者标上"2"，绘图工作者标上"3"等）。人所使用的装置用方框表示，在其上也标上规定的文字或符号（如无线电机标上"A"，绘图板标上"B"，指南针标上"C"等）。

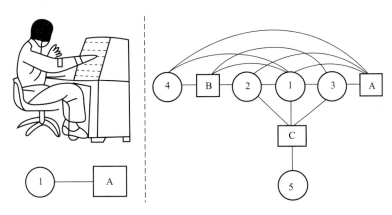

图 7-2　链式分析

　　（2）根据作业的要求和机器的使用方法，在人与机器之间，以及有直接联系的人与人之间画上连接线，这样的图形叫链式分析图，通常在链式分析图中可以忽略机器之间的连接线。

　　（3）在上述步骤的基础上，再对链式分析图进行修改，调整人与机器或人与人之间的相对位置关系，才能减少作业时的交叉环节和不合理的关系。如图7-3所示，（a）为初步的配置方案（链的初步分析）；（b）为通过分析修改后的方案（作图分析）。显然，图7-3中（b）比（a）合理。这种作图分析与修改可以进行多次，直到取得最简便、最合理可行的配置为止。也就是说只有将系统操作中相互无关的项目分离出来，使人、装置、空间得到合理的配置，才算完成了链式作图分析。

5. 按"重要程度"和"使用频率"的作图分析法

　　对于比较复杂的人机系统，人与装置，人与人之连线，将会产生许多交叉的情况，因此只凭上述图解还很难达到理想效果，这时就需要引入系统的"重要程度"和"使用频率"这两个因素进行分析，其方法如下：

　　（1）以"重要程度"为主要标准时，可请了解系统操作和有经验的人，根据系统的相对

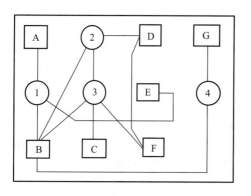 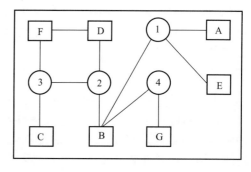

(a) 初步方案   (b) 修改后的方案

图 7-3 链式作图分析法

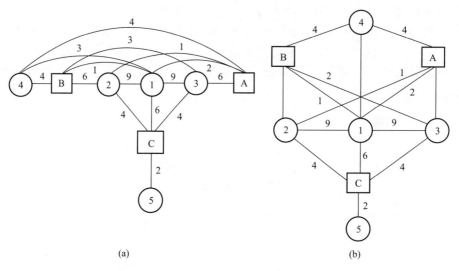

(a)   (b)

图 7-4 按重要性和频率的链式作图分析

重要程度，按重要程度记分，然后标于各连接线上（链上）。如图 7-4 所示的是按重要程度进行模式作图分析的例子，其中人 1 与人 2 和人 3 间的关联最重要，故记分为 9，人 2 与装置 A 的关联最不重要，故记分为 1……

（2）以"使用频率"为主要标准时，可以模拟系统的操作，得到各个连接链的使用频率或操作持续时间的有关数据，然后将这些数据（频率），按高低记分标于连线上。

（3）必须同时考虑"重要程度"和"使用频率"时，可将这两方面综合起来，得出综合后的数值，然后标在连线上。这时要使高值环节之间比低值环节之间的连接线短。

（4）综合分析标有上述等级的链式分析图，其方法与链式作图分析法相同。如图 7-4 所示中，（b）图是在综合分析（a）图的基础上得出的较为合理的方案。这样的作图分析法既能看到系统的物理性质，又可发现链式分析中不显眼的其他故障。

第二节 人机系统的可靠性与维修性

人机系统的可靠性和维修性是评价人机系统设计的又一重要内容。

一、可靠性定义及其度量指标

1. 可靠性定义

所谓可靠性是指系统或产品在规定的条件和规定的时间内，完成规定功能的能力。这里所说的规定条件包括产品所处的环境条件（温度、湿度、压力、振动、冲击、尘埃、雨淋、日晒等）、使用条件（载荷大小和性质、操作者的技术水平等）和维修条件（维修方法、手段、备件和技术水平等）。在不同规定条件下，产品的可靠性是不同的。规定时间是指产品的可靠性与使用时间的长短有密切关系，产品随着使用时间或贮存时间的推移，性能逐渐恶化，可靠性下降。所以，可靠性是时间的函数。这里所述规定的时间是广义的，可以是时间，也可以用距离或循环次数等表示。例如，滚动轴承的工作期限用小时表示；车轮的工作期限用行车里数表示；齿轮的寿命应用循环次数表示。规定的功能是指产品规定的性能技术指标（输出功率、流量、压力、速度等）或产品明确的失效界限（例如产品质量下降到设计规定质量指标的百分之几就应报废，容器壁厚腐蚀到多厚就得报废等）。

机械产品及其零组部件分为维修产品和非维修产品，前者是指可以修复的产品，即对一些复杂、耐用、成本高的产品，当其出故障后经过修理可以恢复其性能指标，继续使用。例如机床中的基础件、导向件、主轴等。后者是指不能修复的产品，或虽能修复，但由于结构简单、成本低廉而不值得修复的产品。例如螺栓、螺母、销子、轴承等标准件。

可靠性度量指标是指对系统或产品的可靠程度做出定量表示。常用的基本度量指标有可靠度、不可靠度（或累积故障概率）、故障率（或失效率）、平均无故障工作时间（或平均寿命）、维修度、有效度等。下面将分别作简要介绍。

2. 可靠性度量指标

（1）可靠度　可靠度是可靠性的量化指标，即系统或产品在规定条件和规定时间内完成规定功能的概率。可靠度是时间的函数，常用 $R(t)$ 表示，称为可靠度函数。

产品出现故障的概率是通过多次试验，该产品发生故障的频率来估计的。例如，取 N 个产品进行试验，若在规定时间 t 内共有 $N_{f(t)}$ 个产品出故障，则该产品可靠度的观测值可用式(7-1) 近似表示：

$$R(t) = \frac{N - N_{f(t)}}{N} \tag{7-1}$$

当 $t=0$，$N_{f(t)}=0$，则 $R(t)=1$。可靠度为 100%。随着 t 的增加，出故障的产品数也随之增加，可靠度 $R(t)$ 下降。当 $t \to \infty$，$N_{f(t)} \to N$，则 $R(t) \to 0$。所以可靠度的变化范围约为 $0 \leqslant R(t) \leqslant 1$。$R(t)$ 随时间变化的曲线如图 7-5 中实线所示。与可靠度相反的一个参数叫不可靠度。它是指系统或产品在规定条件和规定时间内未完成规定功能的概率，即发生故障的概率，所以也称累积故障概率。不可靠度也是时间的函数，常用 $F(t)$ 表示。同样对 N 个产品进行寿命试验。试验到 t 瞬间的故障数为 $N_{f(t)}$，则当 N 足够大时，产品工作到 t 瞬间的不可靠度的观测值（即累积故障概率）可近似表示为：

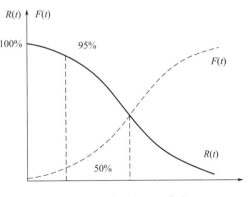

图 7-5　可靠度与不可靠度

$$F(t) = \frac{N_{f(t)}}{N} \tag{7-2}$$

可见，$F(t)$ 随 $N_{f(t)}$ 的增加而增加，$F(t)$ 的变化范围约为 $0 \leqslant F(t) \leqslant 1$。$F(t)$ 随时间变化曲线如图 7-5 中虚线所示。

可靠度数值应根据具体产品的要求来确定，一般原则是根据故障发生后导致事故的后果和经济损失而定。例如，易发生灾难性事故的军工产品、航空航天产品、化工机械、起重机械、动力机械等的可靠度应该定得很高，趋近于 1；而对一般机械产品定得低些，为 0.98～0.99。

（2）故障率（或失效率）　故障和失效这两个概念，其基本含义是一致的，都表示产品在低功能状态下工作或完全丧失功能，只是前者一般用于维修产品，可以修复；后者用于非维修产品，表示不可修复。

产品在工作过程中，由于某种原因使一些零组部件发生故障或失效，为反映产品发生故障的快慢，引出故障率参数。故障率是指工作到 t 时刻尚未发生故障的产品，在该时刻后单位时间内发生故障的概率，故障率也是时间的函数，记为 $\lambda(t)$，称为故障率函数。产品的故障率是一个条件概率，它表示产品在工作到 t 时刻的条件下，单位时间内的故障概率。它反映 t 时刻产品发生故障的速率，称为产品在该时刻的瞬时故障率 $\lambda(t)$，习惯称故障率。

故障率的观测值等于 N 个产品在 t 时刻后单位时间内的故障产品数 $\Delta N_{f(t)}/\Delta t$ 与在 t 时刻还能正常工作的产品数 $N_{s(t)}$ 之比，即

$$\lambda(t) = \frac{\Delta N_{f(t)}}{N_{s(t)} \Delta t} \tag{7-3}$$

故障率（失效率）的常用单位为 $1/10^{-6} \mathrm{h}$。

平均故障率 $\overline{N}(t)$ 是指在某一划定的时间内故障率的平均值。其观测值，对于非维修产品是指在一个规定的时间内失效数 r 与累积工作时间 Σt 之比；对于维修产品是指它的使用寿命内的某个观测期间一个或多个产品的故障发生次数 r 与累积工作时间之比，即两种情况都可以用式(7-4) 表示：

$$\overline{\lambda}(t) = \frac{r}{\Sigma t} \tag{7-4}$$

其单位也常用单位时间内的失效数，即 $1/\mathrm{h}$。

产品在其整个寿命期间内各个时期的故障率是不同的，其故障率随时间变化的曲线称为寿命曲线，也称浴盆曲线，如图 7-6 所示。

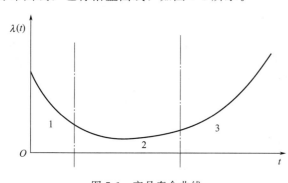

图 7-6　产品寿命曲线

1—早期故障期；2—偶发故障期；3—磨损故障期

由图可见，产品的失效过程可分为三个阶段，早期故障期、偶发故障期和磨损故障期。

① 早期故障期　产品在使用初期，由于材料质量的缺陷，设计、制造、安装、调整等环节造成的缺陷，或检验疏忽等原因使存在的固有缺陷陆续暴露出来，此期间故障率较高，但经过不断的调试，排除故障，加之相互配合件之间的磨合，使故障率较快地降下来，并逐渐趋于稳定运转。

② 偶发故障期　此期间的故障率降到最低，且趋向常数，表示产品处在正常工作状态。这段时间较长，是产品的最佳工作期间。这时发生的故障是随机的，是偶然原因引起应力增加，当应力超过设计规定的额定值时，就可能发生故障。

③ 磨损故障期　这个时期的故障迅速上升，因为产品经长期使用后，由于磨损、老化、大部分零组部件将接近或达到固有寿命期，所以故障率较高。

针对上述特点，为了降低产品的故障率，提高可靠性，应把重点放在早期故障期和磨损故障期，用现代测试诊断方法及时发现故障，通过调整、修理或更换排除故障来延长产品的使用寿命。

（3）平均寿命（或平均无故障工作时间）　以上讨论的是从产品单位时间内发生故障频率的高低来衡量产品的可靠性，下面将从产品正常工作时间的长短来衡量其可靠性，即平均使用寿命或平均无故障工作时间 $\bar{t}$。

对非维修产品称平均使用寿命，其观测值为产品发生失效前的平均工作时间，或所有试验产品都观察到寿命终了时，它们寿命的算术平均值。对于维修产品来说，称平均无故障工作时间或平均故障间隔时间。其观测值等于在使用寿命周期内的某段观察期间累积工作时间与发生故障次数之比。

以上两种情况的观测值都可用式(7-5)来表示：

$$\bar{t} = \frac{1}{n}\sum t \tag{7-5}$$

式中　$\sum t$——总工作时间；

　　　　n——故障（或失效）次数或检验产品数。

（4）维修度　维修度是指维修产品发生故障后，在规定条件（备件贮备、维修工具、维修方法及维修技术水平等）和规定时间内能修复的概率，它是维修时间 τ 的函数，用 $M(\tau)$ 表示，称为维修度函数。维修的观测值为：在 $\tau=0$ 时处于故障状态需要维修的产品数 N 与经过时间 τ 修复的产品数 N_τ 之比，即

$$M(\tau) = \frac{N}{N_\tau} \tag{7-6}$$

由上述可靠度和维修度概念可知，对维修产品来说，可靠性应包括不发生故障的狭义可靠度和发生故障后进行修复的维修度，即必须用这两项指标来评价维修产品的可靠性。这就是下面要介绍的有效度。

（5）有效度　狭义可靠度 $R(t)$ 与维修度 $M(\tau)$ 的综合称为有效度，也称广义可靠度。其定义为：对维修产品，在规定的条件下使用，在规定维修条件下修理，在规定的时间内具有或维持其规定功能处于正常状态的概率。显然，有效度是工作时间 t 与维修时间 τ 的函数。常用 $A(t,\tau)$ 表示，它是对维修产品可靠性的综合评价。$A(t,\tau)$ 可用式(7-7)表示：

$$A(t,\tau) = R(t) + F(t)M(\tau) \tag{7-7}$$

有效度的观测值：在某个观测时间内，产品可工作的时间与可工作时间及不可工作时间之和的比值，记为 A，即

$$A = \frac{U}{U+D} \tag{7-8}$$

式中　U——可工作时间，包括任务时间、启动时间和待机时间；

　　　　D——不可工作时间，包括停机维护时间、修理时间、延误时间和改装时间。

3. 可靠性特征量之间的关系

（1）$F(t)$ 与 $R(t)$ 之间的关系　由可靠度与不可靠度的定义可知，它们代表两个互相对立的事件，根据概率的基本知识，两个相互对立事件发生的概率之和等于 1，所以 $F(t)$ 与 $R(t)$ 有如下关系：

$$F(t) + R(t) = 1 \tag{7-9}$$

（2）$F(t)$ 和 $R(t)$ 与故障概率密度函数 $f(t)$ 间的关系　对累积故障概率 $F(t)$ 进行

微分就得到故障概率密度函数，用 $f(t)$ 表示，$F(t)$ 与 $f(t)$ 有如下关系：

$$f(t)=\frac{\mathrm{d}F(t)}{\mathrm{d}t}=F'(t) \quad 或 \quad F(t)=\int_0^t f(t)\mathrm{d}t \tag{7-10}$$

$f(t)$ 与 $R(t)$ 的关系：

$$f(t)=\frac{\mathrm{d}F(t)}{\mathrm{d}t}=\frac{\mathrm{d}[1-R(t)]}{\mathrm{d}t}=-\frac{\mathrm{d}R(t)}{\mathrm{d}t}=-R'(t) \tag{7-11}$$

$R(t)$ 与 $\lambda(t)$ 的关系

由式(7-1)～式(7-3)和式(7-11)得

$$\lambda(t)=\frac{\mathrm{d}N_{f(t)}}{N_{s(t)}\mathrm{d}t}=\frac{N\mathrm{d}N_{f(t)}}{N_{s(t)}N\mathrm{d}t}=\frac{1}{R(t)}\times\frac{\mathrm{d}F(t)}{\mathrm{d}t}=-\frac{1}{R(t)}\times\frac{\mathrm{d}R(t)}{\mathrm{d}t}=-\frac{\mathrm{d}[\ln R(t)]}{\mathrm{d}t}=\frac{f(t)}{R(t)}$$

积分：

$$\int_0^t \lambda(t)\mathrm{d}t=-\int_0^t \frac{\mathrm{d}[\ln R(t)]}{\mathrm{d}t}\mathrm{d}t=-[\ln R(t)-\ln R(0)]=-\ln R(t) \tag{7-12}$$

所以：

$$R(t)=\mathrm{e}^{-\int_0^t \lambda(t)\mathrm{d}t} \tag{7-13}$$

(3) $F(t)$、$f(t)$ 与 $\lambda(t)$ 的关系　根据式(7-9)和式(7-13)得：

$$F(t)=1-\mathrm{e}^{-\int_0^t \lambda(t)\mathrm{d}t} \tag{7-14}$$

两边求导数：

$$f(t)=\lambda(t)\mathrm{e}^{-\int_0^t \lambda(t)\mathrm{d}t} \tag{7-15}$$

二、人机系统可靠度及系统效能可靠度

1. 人机系统的可靠度

人机系统最重要的形式就是人与机器的相互结合。为了获得人机系统的最高效能，除了机器本身的可靠度指标要高以外，还要求操作者技术熟练以及机器要适合人的生理要求，即人的操作可靠度指标也要高。所以，人机系统的可靠度与机器的可靠度和人的操作可靠度有关，其关系表达式为：

$$R_s=R_m R_k \tag{7-16}$$

式中　R_s——人机系统的可靠度；

　　　R_m——机器设备的可靠度；

　　　R_k——人的操作可靠度。

机器的可靠度是机械工程设计的内容，在机械产品设计制造时就已确定了的，在人机系统中可以看作不变量。所以，人机系统的可靠度随人的操作可靠度的变化而变化。例如，机器的可靠度 $R_m=100\%$（理想状态，即变化甚微看作不变量），人的操作可靠度 $R_k=40\%$，那么人机系统的可靠度为：

$$R_s=R_m R_k=100\%\times40\%=40\% \tag{7-17}$$

这说明，一台可靠度很好的机器，会因操作可靠度太差，而影响人机系统的可靠度，降低工作效率，甚至损坏机器。

2. 系统效能可靠度

上述人机系统的可靠度是一般而言的。如果一个系统由两个或两个以上的部件组成（机器和人等都可看作部件），那么这样组成的系统的可靠度，不但与每个部件的可靠度有关，而且与各个部件在系统中的组合形式有关。部件在系统中的组合形式，一般有"串联"和"并联"两种，其可靠度不同，现分述如下。

(1)"串联"系统的可靠度　部件串联就是部件按顺序配置，相互间的关系是功能关系和依赖关系。如一个工人单独操作一部机器进行生产，单独的工人与单独的机器就是一种串

联的形式。分析串联系统的可靠度，必须满足两个条件：①任何一个部件的故障将导致整个系统的故障；②部件故障各不相关。若这两个条件都满足，则无差错运行系统效能的可靠度，将是各个部件可靠度的乘积。所以串联系统的可靠度可表达为：

$$R_s = R_1 R_2 R_3 \cdots R_n \tag{7-18}$$

式中　　　　　　　　　R_s——串联系统效能可靠度；

R_1，R_2，R_3，…，R_n——单个串联部件的可靠度。

单个部件可靠度一般用无差错运行（成功运行）的概率来表示。例如，某串联系统由两个部件组成，每一个部件的可靠度为 0.92（意思是成功概率为 92%），则系统效能可靠度为：

$$R_s = 0.92 \times 0.92 = 0.85 \tag{7-19}$$

显然，在一个串联系统中，每一个部件均以其自身的因素降低系统的效能，而且几乎总是有某种故障发生。若部件越多，则系统效能降低越厉害。如一个系统由 10 个部件串联组成，每一个部件的可靠度为 0.99，则系统效能可靠度将有 0.90；如上述系统改由 100 个部件串联组成，则其可靠度将只有 0.365 了。

（2）"并联"系统的可靠度　部件并联是指每一个部件都配有"后备"部件的组合方式，即一个部件都有另一个相同部件备用，一个部件出了故障，马上由另一个部件顶替。这样的部件配置又称冗余配置。显然，系统效能可靠度就是把组成部件的成功概率结合起来考虑，其表达式为：

$$R_s = [1 - (1-r)^m]^n \tag{7-20}$$

式中　R_s——并联系统效能可靠度；

　　　r——单个部件的可靠度；

　　　m——并联部件数；

　　　n——系统的功能数。

式(7-20) 适用于一个系统中有若干个功能，而每一个功能中组成的部件数相等或单个部件的可靠度也相同的情况。例如，某单一功能的系统由两个部件并联而成，每一单个部件的可靠度均为 0.92（与上述串联的相同），则其系统效能的可靠为：

$$R_s = [1 - (1-0.92)^2] = 0.9941 \tag{7-21}$$

显然，一个可靠度相同（如 0.92）的部件，由于在系统中的组合形式不同，其系统效能的可靠度也不同。用于串联时，系统效能的可靠度下降，用于并联时，系统效能可靠度可以获得提高。所以，即使单个部件的可靠度比较低，但多用几个部件并联，却可得到较高的可靠度。

人机系统的可靠度检查包括的范围十分广泛，国内外学者对人机系统的可靠度检查，提出过多种方法，其中检查表就是其中之一。在列表法中，可靠度的问题分成两大类，一类是属于总体设计中的问题（全局性的问题），另一类是属于单体设计中的问题（局部性的问题），并把它们都逐一对应列出。可靠度如果按总体设计的问题检查得不到良好的解答，则可按单体设计的问题进行检查。列表法可以系统地分析在作业过程中影响作业效率和负荷的各种因素，从而可利用这些资料来提高操作的可靠度。

三、人的可靠性及机械的可靠性

（一）人的可靠性分析

1. 人的不稳定因素

在人机系统中，从人机功能比较结果可知，人的可靠性不如机器。人具备自由行动的能力，有随机应变的能力，在面临伤害的关键时刻，处理得当，可能避免灾害性事故的发生。

然而，也正是由于人有这种自由度，在处理一些简单事物时，不可避免地会产生失误，这就是人的不稳定性。人的不稳定因素将直接影响人的操作可靠性。影响人的不稳定因素很多，情况十分复杂，归纳起来主要有以下几种。

（1）生理因素　如体力、耐力、疾病、饥渴等。

（2）心理因素　因为感觉灵敏度变化引起反应速度变化，因某种刺激导致心理特性波动，如情绪低落、发呆或惊慌失措等觉醒水平变化。

（3）管理因素　如不正确的指令，不恰当的指导，人际关系不融洽，工作岗位不称心等。

（4）环境因素　对新环境和作业不适应，由于温度、气压、供氧、照明等环境条件的变化不符合要求，以及振动和噪声的影响，引起操作者的生理、心理上的不舒适。

（5）个人素质　训练程度、经验多少、操作熟练程度、技术水平高低、责任心强弱等。

（6）社会因素　家庭不和、人际关系不协调。

（7）操作因素　操作的连续性、操作的反复性、操作时间的长短等。

2. 人的不安全行为

人的不安全行为的表现形式很多，在国家标准《企业职工伤亡事故分类》（GB 6441—86）中将不安全行为分为14大类，下面列举常见几种。

（1）操作错误、忽视安全、忽视警告

① 未经许可开动、关停、移动机器；

② 开动、关停机器时未给信号，或忘记关闭设备；

③ 开关未锁紧，造成意外转动、通电或泄漏等；

④ 忽视警音标志、警告信号；

⑤ 操作错误（指按钮、阀门、手柄）等操作；

⑥ 机器超速、超载、超压等运转；

⑦ 酒后作业，违章驾驶机动车等；

⑧ 冲压作业时，手伸进冲压模；

⑨ 工件或刀具固定不紧，或工具放置不当；

⑩ 用压缩空气吹铁屑等。

（2）私自拆除安全装置。

（3）使用不安全设备

① 临时使用不牢固的设施；

② 使用无安全装置或有故障的设备。

（4）手代替工具操作

① 用手代替手动工具，用手制动旋转的工件；

② 用于清除切屑；

③ 不用夹具固定工件而用手拿着工件进行机加工，例如手持工件进行加工工件。

（5）物体（指成品、半成品、材料、工具、切屑、生产用品等）存放不当。

（6）冒险进入危险场所

① 未经安全监察人员允许进入油罐等压力容器进行检修作业，或进入机器人操作场所；

② 在调车场超速上、下车，或在绞车道上行走等。

（7）在起吊物下作业、停留。

（8）机器运转时进行加油、修理、检查、调整、测量、焊接、清扫等工作。

（9）没有按规定使用个人防护用品，如不戴安全帽，不戴防护手套，不戴防护目镜或面罩，戴着手套操纵具有旋转零部件的设备，穿着过于肥大服装在旋转零部件旁作业等。

3. 人的失误及其防止措施

（1）人的失误及其分析

① 人的失误　人的失误是指人没有完成人机系统中分配给他的功能，可分为以下四种情况：

a. 没有执行分配给他的功能；

b. 错误地执行了分配给他的功能；

c. 按错误的程序或错误的时间执行分给他的任务；

d. 执行了没有分配给他的功能。

② 人失误分析　人的失误一般具体表现在操作上的失误，但究其失误过程，人的失误贯穿在整个生产过程中，从接受信息、处理信息、到决策行动等各个阶段都可能产生失误。例如，在操作过程中，各种刺激（信息）不断出现，它们需要操作者接受、辨识、处理和响应，若操作者能给予正确的或恰当的响应，事故可能不会发生，也不会发生伤害；若操作者做出错误的或不恰当的响应，即出现失误，并且客观上存在着不安全因素或危险因素时，能否造成伤害，还取决于各种机会因素，既可能造成伤害事故，也可能不会造成伤害事故。造成操作失误的原因，并不能简单地认为就是操作者的责任，也可能是由于机器在设计、制造、组装、检查、维修等方面的失误造成机器或系统的潜在隐患才诱发操作中的各种失误，系统开发到哪个阶段，人就可能发生哪些失误。归纳起来人的失误的种类一般有以下几类。

a. 设计失误　如不恰当的人机功能分配，没有按人机工程设计，载荷拟定不当，计算用的数学模型错误，选用材料不当，机构或结构形式不妥，计算差错，经验参数选择不当，选择器与控制器距离太远，使操作感到不便等。

b. 制造失误　如使用不合适的工具，采用了不合格的零件或错误的材料，不合理的加工工艺，加工环境与使用环境相差较大，作业场所或车间配置不当，没有按设计要求进行制造等。

c. 组装失误　如装错零件、装错位置、调整错误、接错电线等。

d. 检验失误　如通过了不符合要求的材料、不合格配件及不合理的工艺方法，或允许有违反安全工程要求的情况存在等。

e. 设备的维修保养失误　安装、修理不正确。

f. 操作失误　操作中除使用程序差错，使用工具不当，记忆或注意失误外，主要是信息的确认、解释、判断和操作动作的失误。

g. 管理失误　采用了不适当的贮藏或运输手段。

（2）造成人失误的后果　人的失误产生的后果，取决于人失误的程度及机器安全系统的功能。可归纳为以下五种情况：

① 失误对系统未发生影响，因为发生失误时做了及时纠正，或机器可靠性高，具有较完善的安全设施，例如冲床上的双按钮开关；

② 失误对系统有潜在的影响，如削弱了系统的过载能力等；

③ 为纠正失误，须修正工作程序，因而推迟了作业进程；

④ 因失误造成事故，产生了机器损伤或人员受伤，但系统尚可修复；

⑤ 因人的失误导致重大事故发生，造成机器破损和人员伤亡，使系统完全失效。

以上列举的五种失误的后果，最严重的是第五种，造成机毁人亡，除在经济上带来重大损失外，给家庭及社会也带来不良影响，直接影响职工的生产情绪。

（3）人产生失误的原因　造成人产生失误的原因很多，但就人机系统来说，都是由于人的机能不确切性与机器或环境等因素相作用而产生的。所以，从人机工程的角度，可将人产生失误的原因归纳为以下两条。

① 机器设计时，对人机界面设计没有很好地进行人机工程研究，致使机器系统本身存在潜在操作失误的可能性，如由于显示和操纵控制装置设计不当，不符合人机工程要求，不适宜人的生理心理特性，产生错觉失误（视错觉、听错觉、触错觉等）；操纵不便，易产生疲劳；作业环境恶劣，如空间不足，温湿度不适，照明不足，振动及噪声过大等，这些都是诱发人产生失误的因素。

② 由于操作者本身的因素，使之不能与机器系统协调而导致失误。这里包括人的不稳定因素，如疲劳、体质差等生理因素和注意力不集中，情绪不稳定和单调等心理因素，使大脑觉醒水平下降；人的技术素质较低，缺乏实践经验，由于训练不足，操作技术不熟练对设备或工具的性能、特点掌握不充分或不合适等。

此外，安全管理不当也是产生失误的原因之一。如计划不周，决策失误；操作规程不健全，作业管理混乱，相互配合不好；监督检查制度不全，要求不当，信息传达错误，劳动组织不严密，安全教育、培训措施不力等。

应该指出，由于造成人失误的原因十分复杂，而且各原因之间还可能有相互交叉影响的情况，在操作者身上，反映出来的失误，都是多种原因影响的综合结果。人为失误率的估计，需大量的试验，实践经验数据的积累，可参考有关专业书。

（4）防止人失误的措施　根据以上对人失误原因的分析，主要是人与机器两方面以及管理上的原因，当然防止失误的措施也应针对性地解决。下面着重介绍一些防止人本身在操作中的失误，提高人的可靠性的一般途径，而有关提高机器的可靠性的方法，将在以后有关章节详细论述。

① 使操纵者意识水平始终处于最佳觉醒状态　操作者产生操作失误除了机器本身的原因外，主要是由于操作者本身的觉醒水平处于Ⅰ级或Ⅳ级低水平状态，所以为了保证安全操作，首先应使操作者的眼、手及脚保持一定的工作量，既不会由于过分紧张而造成过早疲劳，也不要因工作负荷过低而处于较低的觉醒状态；另外，从精神上消除其头脑中一切不正确的思维和情绪等心理因素，把操作者的兴趣、爱好和注意力都引导到有利于安全生产上来，变"要我安全"为"我要安全"，通过调整人的生理状态，使之始终处于最佳觉醒状态，以较强的安全意识从事操作工作。

② 建立并实施安全生产管理制度及操作规程　安全生产管理制度及操作规程就是企业内部的"法"，通过严格执行，约束不按操作规程操作的人员的行为。

③ 安全教育和安全训练　安全教育和安全训练是消除不安全行为最基本的措施，其中包括带有强制性执行的安全法规教育，提高操作者素质的安全知识教育和安全技能教育，以及使操作者树立正确的安全态度的安全态度教育。通过安全教育和安全训练，达到使操作者自觉遵守安全法规，养成正确的作业行动，提高感觉、识别、判断危险的能力，学会在异常情况下处理意外事件的能力，减少事故的发生。

④ 按照人的生理特点安排工作　充分利用科学技术手段，探索和研究人的生理条件对不安全行为的影响，以便合理地安排操作者的作息时间。例如，将每个操作者的生物节律预先计算出来，并绘制出生物三节律图。当操作人员处于低潮期或临界期时，停止操作或适当调换工作，避免事故发生。据统计，持续作业的工人，午饭后的注意力明显下降，故应提醒工人这时应特别注意防止操作失误。

（二）机械的可靠性设计

机械的可靠性设计就是要用最少的费用，设计符合要求的可靠性产品，且使功能保持一定时间的一系列设计程序。一种可靠性产品的产生是靠设计师综合制造、安装、使用、维修和管理等方面反馈回来的技术与经济的、功能与安全的信息资料，参考前人的经验、资料，经权衡后设计出来的。所以它是各个领域专家、技术人员的集体成果。作为从事安全科学技术的工程技术人员应该了解可靠性设计原理，设计要点，以便将设备使用和维修过程中发现的危险与有害因素及零组部件的故障数据资料等及时反馈给设计部门，以进行针对性的改进设计。

产品的可靠度分为固有可靠度和使用可靠度，前者主要是由零件的材料、设计及制造等环节决定的达到设计目标所规定的可靠度；后者则是出厂产品经包装、保管、运输、安装、使用和维修等环节在其寿命期内实际使用中所达到的可靠度。当然，重点应放在设计和制造环节，提高固有可靠度，向用户提供安全、可靠的设备。为此，下面重点介绍机械产品结构可靠性设计的基本内容和方法。

1. 确定零件合理的安全系数

安全系数是指零件在理论上计算的承载能力与实际所能承担的负荷的比值。为了使机器安全可靠地工作，应使理论计算的强度大于实际负荷，即应留有足够的安全冗余量。确定安全系数时，可以参考以往的实践经验（如零件的故障率或现场有关零件的失效数据资料），或由寿命试验确定。根据使用经验，正常工作阶段的故障率（或失效率）A 可按下述经验公式计算。

$$A = t_g K_f \tag{7-22}$$

式中　t_g——通用故障率；

　　　K_f——环境系数。

确定安全系数时应考虑以下几个因素：

① 环境条件的作用如温度、湿度、冲击、振动等；

② 使用中发生超负荷或误操作时的后果；

③ 为提高安全系数所付出的经济代价是否合算等。

安全系数的提高应通过优化结构设计达到，而不是简单地通过增加构件尺寸，增加重量，或增加费用等方法来实现。例如，合理选择结构形式而达到少增加构件的重量就能提高构件的刚性，减少变形；选择合理的结构，使零组部件负荷分布合理，达到变形小、磨损均匀；尽量减少因零件变形或磨损等对设备输出参数的影响。通过以上办法都可以提高零件的承载能力，从而提高安全系数。

2. 贮备设计（冗余设计）

贮备设计是指将若干功能相同的零组部件作为备用机构，当其中某个零组部件出现故障时，备用机构马上启动工作，使机器仍能保持正常工作。例如，滚动轴承中的双排滚珠，当其中一排损坏时，另一排仍可以维持正常工作。再如机器的保险装置采用机械的和电气的双保险，当其中一种出故障，另一种仍能维持正常工作。还有车辆设计中用两个轮胎代替一个轮胎，当其中一个漏气时，另一个可以承受全部负荷等。

采用贮备设计，一般是产品有剧毒的化工设备，故障率较高的设备，流水生产线上的关键设备，或一旦出事故，损失较大的设备。在贮备设计中，应考虑如下几方面的问题。

（1）在产品尺寸或重量严格限制的场合，如果将贮备件勉强装入较小的容积，反而会因散热面积减小造成温度大幅度上升而降低可靠性；另外这时冲击、振动和温度等周围环境的影响同时作用于冗余部分，将会失去故障的独立性。

（2）绝对避免将可靠性差的零组部件用于冗余部分。

（3）不能降低贮备部分的分配负荷。例如在双发动机的飞机上，要保证贮备发动机具有一定的功率，当运行的发动机出现故障时，启用的贮备发动机也不会使飞机降速到最低限度，否则就失去了采用双发动机的意义了。

（4）贮备装置必须经常处于可工作状态，绝不能因为是后备装置而忽视对其性能、维护等要求，否则，一旦需要其启动工作时，却不能胜任，甚至启动不了而酿成事故。

另外，必须明确贮备设计的目的在于提高可靠性，如果盲目采用，或设计不当将会因增加体积、重量和费用而导致相反的效果。

3. 耐环境设计

在产品设计时要考虑环境条件的影响，应进行耐机械应力（振动、冲击等）设计，抗气候条件（高温、低温、潮湿、雨淋、日晒、风化、腐蚀等）设计。设计时就应预测产品实际使用的环境条件，并采取相应的耐环境措施。为此，在设计、试制阶段要进行实验室模拟或现场作预测环境条件下的可靠性试验，如耐久性试验，寿命试验，环境试验，可靠性测定和可靠性验证等试验。

另外，作为耐环境作用的辅助措施，可在设备上附加装备特别的调节器或缓冲器等，以便在产品运输、搬运、贮存或使用中抵抗高温、高湿、振动、冲击等情况的作用，这样比直接强化产品本身的耐环境性要经济得多。

4. 简单化和标准化设计

产品简单化和标准化是提高可靠性的关键，即产品在满足功能要求的前提下，其结构越简单越好，因为这时零件数少了，发生故障的机会就少。产品零组部件标准化有如下几个优点。

（1）标准零部件由专门生产厂家生产，生产率高且能保证质量。

（2）可减少零组部件的种类，从而减少了测量工具和测量仪器的品种、规格和数量。

（3）能保证供应，减少备件的贮备和资金积压。

（4）提高了零件的互换性、更换性和易校性，即提高了维修性。所以尽可能减少产品组成部分的数量；尽可能实现零组部件的标准化、系列化与通用化，控制非标准零组部件的百分比；尽可能多地采用模块化设计。在简单化和标准化设计中应注意如下几点：

① 应避免单纯追求高水平及复杂化而对选用标准件产生厌倦情绪。

② 要处理好极限设计，设计时应考虑并保证产品在各种恶劣条件下工作的可靠性，可以通过保险机构、连锁机构等安全装置或安全措施来解决。但是如果将极端情况考虑过分，结果会使产品结构过分复杂化，非标准件过多，反而得不到理想效果。

5. 提高结合部的可靠性

机械产品都是由若干零组部件组成，故零组部件间的结合部位很多。结合部位的配合性质有相对静止的，也有相对运动的，还有要求密封的，所以相应的有各种连接方式，如有螺栓螺母连接，焊接连接，销子或键连接，齿轮齿条连接，滑板与导轨连接或主轴与轴承联接，以及法兰、密封圈与转轴或箱体连接等。这些结合部位的故障率一般都比较高，所以极易诱发其他故障的发生。为此，在可靠性设计时应特别注意设法提高结合部位的可靠度，即保证结合部的连接强度、刚度及配合精度和密封要求等。

6. 结构安全设计

在结构设计时，要做到结构合理，从根本上消除危险与有害因素，使操作者彻底从危险部位或危险状态下解脱出来，这是提高产品可靠性和安全性的根本出路。例如，冶炼车间装有熔融金属的铁水包，由于结构设计不合理，在锁定齿轮的键槽和与其配合的键磨损情况下，在浇注时键容易从键槽中滑出，就造成铁水包倾倒事故。如果在齿轮轴上加工键槽时，齿轮轴不要铣成通槽，或在齿轮轴端装设挡圈，将齿轮槽端封闭，这样即使键和键槽磨损，而配合松动，但键也不会从键槽中滑出，从而可以避免浇包翻倒事故。再如，铁路运输两节车厢之间的连接器，传统的方法用的是连杆插销连接器，工人在脱开或连接两节车厢时，必须接近两节车厢之间进行拔出或插入销子的操作，这时工人就处于可能被两节车厢挤伤的危险部位中，随时都可能被撞伤。而现在使用的车辆自动连接器，不需工人到两节车厢之间直接操作，而是利用低速相碰触自动连接。因为根除了危险因素，当然也就不会发生被车厢撞伤的事故了。

7. 设置齐全的安全装置

作为可靠性较高的现代化机械设备，已具备也必须具备必要的安全装置，以便用来防止超载、超行程、超温、超压、误操作、误接触及外部环境突变（如停电、停气等）而引起的事故，限制故障影响的扩大。一般都是通过在线监测仪器及时捕捉异常信号的变化，当超限时立即发出警报信号或故障显示或自动停机等。这是设计、制造部门应完成的任务，绝不应把危险与有害因素事故隐患留给用户。

8. 人机界面设计

人机界面是人与机器交换信息的环节，如果人机界面设计不当，人与机器相接触造成能量逸出，将会直接导致事故发生。所以在人机界面设计时，即人机工程设计时，必须考虑人的生理、心理因素，考虑人机协调关系。如人的正常生理能力（包括人体有关部位所及范围，人体感觉器官的反应能力，对信息的反应速度和耐疲劳性等）和允许限度。要求所设计的显示器，长时间观察或监听而不易疲劳；操纵机构在操作时操作力应有"手感"而不沉重；控制器和显示器应尽量少而集中，配置合理，避免操作失误；且设有联锁保护装置，做到即使误操作某一控制器也不可能引起事故。具体设计方法详见有关内容。

四、维修性设计

可靠性设计的目的是使产品少发生故障或不发生故障，使产品在寿命期内维持正常运转。但是，产品的零组部件随着运转时间的延长，不可避免地要产生磨损、疲劳、腐蚀、老化或者由于意外的偶然原因而出现故障或缺陷，这时就需要通过监测、调整和维修来排除故障或缺陷，以恢复正常运转。所以，在产品设计时，除考虑安全可靠外，还应考虑产品的故障预测，考虑对故障零部件的检测、调整、排除故障、更换和修复等维修工作，使设备迅速恢复正常运行，这就是维修性设计的任务。广义讲，可靠性工程应包括可靠性和维修性两个方面。

1. 维修及维修性

所谓维修是指使产品保持在正常使用和运行状态，以及为排除故障或缺陷所采取的一切措施和活动，包括设备运行过程中的维护保养，设备状态监测与故障诊断，以及故障检修、调整和最后的验收试验，直至恢复正常运行等一系列工作。简言之，为保持或恢复产品规定功能采取的技术措施叫做维修。

维修性是指对故障产品修复的难易程度，即产品在规定条件和规定时间内完成维修任务的能力。

2. 产品结构的维修性设计

维修性设计是指产品设计时，设计师应从维修的观点出发，保证当产品一旦出现故障，能容易发现故障、容易拆卸、容易检修、容易安装，即维修度要高。维修度是产品的固有性质，它属于产品固有可靠性的指标之一。维修度的高低直接影响产品的维修时间、维修费用，影响产品的利用率。下面就维修性设计中应考虑的主要问题做简要介绍。

（1）可达性　所谓可达性是指检修人员接近产品故障部位进行检查、修理操作，插入工具和更换零件等维修作业的难易程度。可达性设计应从以下三方面考虑。

① 安装场所的可达性　检修人员在从事检修作业时，如拆装故障零件，需要有一个足够的检修活动空间，使维修人员能够在舒服的姿态下进行维修作业，如"坐""蹲""跪""躺"等作业姿势。

② 设备外部的可达性　复杂产品往往是由几个部件或单元组成，而这些部件或单元，装在一个箱体或壳体内，为了装入或取出这些部件或单元，或检查、观察它们的工作状况需

要在箱体或壳体壁上开口，设计时就需要考虑开口部分的结构（如面板、盖或门）及其固定方式，做到既安全可靠，又容易打开。开启门或盖时尽量用通用工具，调整和固定螺钉要容易更换，且能防止松脱。还要考虑开口部分的位置和尺寸，不得妨碍设备的正常运行。

③ 设备内部的可达性　从容易检查、容易维修的角度出发，在设计内部零件时，要考虑其结构形状，考虑各零组部件之间的合理布局和安装空间等。下面列举几点引起注意：故障率高的零组部件的尺寸与开口部的关系；更换零组部件时，不受其他零组部件的妨碍；零组部件应布置在方便测试、诊断及调整的位置；要为更换零组部件留出足够的伸手或工具活动的空间；便于目视观察，在维修通道口要有供目视用的空隙；零组部件的布置应避开高温、高压等危险点。

现将其中几点进一步阐述如下。

① 零件的更换性　根据零件的结构特点、使用寿命及故障率决定零件更换的难易程度，即决定零件的更换性。设计时常把零组部件分为易更换件、难更换件和不更换件三类，以便采取不同的维修对策。

a. 易更换件　这类零组部件一般寿命较短，故障率较高，即所谓易损件，更换费用不太高。如制动盘、轴承、键、齿轮、皮带等，应把这类零组部件安装在可达性较好的部位。

b. 难更换件　这类零件一般是由若干零件组成的组件、部件，具有独立功能，并可整体更换。如泵、齿轮箱、液压操纵箱等，它们寿命较长，影响因素也较多。可定期更换，或经状态监测来确定更换期。

c. 不更换件　这类零件通常是设备的基础件、支承件、结构件，如机身、机座、框架、箱体等。这类部件尺寸大，又很重，寿命长，甚至比设备的寿命还长，故一般不更换，更换通常是不合算的。为此，不能把这类基础件直接作为滑动或滚动导向面，若需要时，可通过在上面镶条、镶板的办法来解决，当镶件磨损后，只要将其修理或更换即可，这样既方便又经济。

② 组件模块化　随着设备日趋复杂化，对故障件的修理时间也随之增加。为了缩短维修时间，将逐步由过去的更换故障零件变成更换故障组件（模块）。这种方法主要用于电气产品，对于现代小型精密机械也可适用。模块组装有的采用插入式的安装拆卸方式，有的用锡焊、黏结和模压等方式，对一些大型零件则用螺纹连接。

③ 便于监测与诊断　监测与诊断是为了便于及时发现早期故障，为此，在配置零组部件的位置时，最好使维修人员在调整零组部件的同时，能观察、判断故障发生的部位，争取不拆下设备的构件、部件就能进行故障检测及定位，按故障率的高低顺序配置零组部件；按逻辑配置，即零件的配置与功能框图相对应，便于查找故障源。

④ 便于调整检查　为便于调整检查，最理想的配置是不打开设备的机壳就可以进行调整操作。当调整部位在设备内部时，则应配置在易接近处，不停机器也能调整。例如，曲柄压力机上离合器和制动器的配置，当离合器置于机身两支承中间，制动器置于其一端，这种配置方式，结构虽然简单，但从维修性考虑，离合器的间隙调整，更换摩擦块和皮带都感到不便。若将离合器和制动器分别配置于支承两端，变成悬臂结构，这时可直接更换皮带，并且很方便地调整离合器间隙和更换摩擦块。同时由于离合器由悬臂悬出，也改善了它自身的工作条件，易形成轴向通风，散热条件好，从而提高了离合器的寿命。

⑤ 便于观察　打开机器后可从正常视角观察到所有零部件，能从开口部看到要取放的零部件，不要因操作人员的手或工具影响操作和观察；零件上应有明显的标记，尤其是故障率高的零件，以便于识别；需要调整的零组部件，应配置在能看到调整部位的位置同时应标出调整范围。

（2）零组部件的标准化与互换性　产品设计时应力求选用标准件，以提高互换性，这将会给产品的使用维修带来很大方便。因为标准化零件质量有保证，品种和规格大大减少，于是就可以减少备件库存和资金积压，既能保证供应，又简化管理。

（3）维修人员的安全 产品在结构设计时除考虑操作工人的安全外，还必须考虑维修人员的安全，而这后一项工作往往最容易被人们忽视，其实，维修人员比操作工人接触危险与有害因素的机会更多，如他们常常处在高温、高压、有毒、有害、运转的零部件等环境或部位中工作，单靠维修人员的注意、小心是不能彻底避免维修人员遭受伤害的，必须在设计时采取隔离、防护、联锁等安全设施。

3. 可靠性设计与维修性设计的关系

以上讨论的可靠性设计和维修性设计是从不同的角度来保证产品的可靠性。前者着重从保证产品的工作性能出发，力求不出故障或少出故障，是解决本质安全问题，在方案设计和结构设计阶段就设法消除危险与有害因素；后者则是从维修的角度考虑，一旦产品发生故障，其本身就能自动及时发现故障，并且显示故障或发出警报信号，并能自动排除故障或中止故障的扩展。另外，为使故障产品迅速恢复正常运行，从检测、拆装、更换、修理等方面采取了相应措施。可见两者既有联系，又有区别，从产品总的效能出发，两者又必须统一到最少总费用上来。在设计和选用产品时，必须处理好可靠性费用（即产品购置费）、维修性费用和总费用之间的关系，以取得最合理总费用效果，两者之间的关系如图 7-7 所示。

一般情况总希望产品的可靠性尽量高，但是，当可靠性高到一定程度后，再想继续提高，首先从技术上讲就很难实现，另外从费用上考虑，可靠性微小的增加将会引起产品总成本费用以指数性质猛增，所以提高可靠性是有限度的。这时就需要通过维修性设计来弥补，以提高产品的可靠性；同时，通过提高维修度，降低维修费用来达到降低总费用的目的。

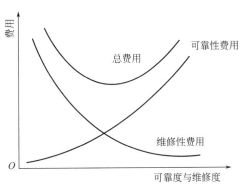

图 7-7 可靠性费用、维修性费用与
总费用的关系

第三节 人机系统的安全性分析

一、人机系统的安全评价分析

1. 人机系统的安全评价分析概述

所谓人机系统安全评价分析是指对人机系统中存在的危险进行分析。危险包括不安全的环境条件、操作条件、设备故障、人的失误或其他不安全的因素。安全分析的目的是查明潜在的危险及研究解决的方法。安全分析是利用正确的人机系统模型、数据找出系统处于最佳安全状态的办法。安全分析，可分定性和定量分析，定性安全分析的目的是使人们能够全面了解所有与人机系统安全有关的因素。定性安全分析不是计算出精确的数值，而是对有关的安全问题有个直观的了解。

有许多种定性安全分析的方法。因此，分析程序与方法的选取通常取决于特定的计划。下面将简单介绍两种常用的分析方法，预先危险分析和检查法评价法。

（1）预先危险分析　预先危险安全分析方法是用来识别系统中的主要危险，并对其严重性及产生的可能性进行分析，从而提出改进系统的建议。这种分析方法主要用在系统的设计阶段，它是一种最基本的危险分析方法。它为其他危险分析法提供了一个基础。

预先危险分析大体上可分为三个步骤。

第一步，首先调查危险因素存在于哪个子系统中，其方法可采用检查一览表、经验法和以技术判断为基础的方法等。

第二步，识别危险因素变成危险状态的触发条件，研究其危险状态转变为潜在灾害的必要条件，并且进一步谋求防止潜在灾害发生的办法和研究这些办法的效果。

第三步，把预测到的潜在灾害划分成危险等级。

实际上，预先危险分析是用一种表格来说明危险。表格的形式与内容，随分析人员与分析系统的不同而变化。通常按表 7-3 中的方法进行。

表 7-3　预先危险分析

1	2	3	4	5	6	7	8	9
子系统名称	运行方式	故障状态	可能性估计	危险描述	危险影响	严重性	控制方法	其他

现将表 7-3 中各列的内容说明如下。

第 1 列　被分析的子系统或部件的名称。

第 2 列　说明发生危险的系统的运行方式。

第 3 列　说明有危险的子系统和部件的故障状态。

第 4 列　估计可能发生的危险，一般采用定性方法所示。

第 5 列　对危险进行简要描述。

第 6 列　说明危险对人或财产的影响。

第 7 列　按规定的等级说明危险的严重性。

第 8 列　提出危险控制的方法。

第 9 列　其他需要说明的内容。

（2）检查表评价法　检查表评价法是指利用人机工程学原理检查人机系统各因素及作业过程中操作人员的能力、心理和生理反应状况的评价方法。用检查表对人机系统进行评价是一种非常普遍的评价方法。使用该方法可以对系统有一个初步的定性评价，也可以对系统中的子系统进行评价。

① 国际人机工程学学会推荐的评价内容　依据国际人机工程学学会（IEA）提出的"人机工程学分析检查表评价"，其主要内容如下：

a. 作业空间分析　分析作业场所是否影响作业者活动的因素，显示器和控制器的位置是否方便作业者的观察和操作。

b. 作业方法分析　分析作业方法是否合理，是否会引起不良的体位和姿势，是否存在不适宜的作业速度，是否存在能引起疲劳和影响健康的因素。

c. 作业环境分析　对作业环境的照明、气温、空气湿度、气流、噪声与振动进行分析，评价是否符合作业者的心理、生理要求，是否存在能引起疲劳和影响健康的因素。

d. 作业组织分析　分析作业时间、休息时间的分配以及轮班形式，作业速率是否影响作业者的健康和作业能力的发挥。

e. 作业负荷分析　分析作业的强度、感知系统的信息接收通道与容量分配是否合理，操纵控制装置的施力是否满足人的生理特性。

f. 信息输入和输出分析　分析系统的信息显示、信息传递是否便于操作者的观察和接收，操纵装置是否便于区别及操作。

② 检查表评价法主要检查内容 检查表的内容主要包括信息显示、操纵装置、作业空间和作业环境。人机系统检查表评价中的检查内容见表 7-4 所示。

表 7-4 人机系统检查表评价法内容

检查项目	检查内容
信息显示装置	1. 作业操纵能得到充分的信息指示吗？ 2. 信息数量是否合适？ 3. 作业面的照明是否满足视觉要求及照明标准？ 4. 报警信息显示装置是否配置在引人注意的位置？ 5. 控制台上的事故信号灯是否位于操作者的视野中心？ 6. 图像符号是否简洁且意义明确？ 7. 信息显示装置的种类和数量是否符合信息的显示要求？ 8. 仪表的排列是否符合按用途分组的要求？排列次序与操作者的认读次序是否一致？是否符合视觉运动规律？是否避免了调节或操纵控制装置时对视线的遮挡？ 9. 最重要的仪表是否布置在最佳的视野内？ 10. 能否很容易地从仪表盘上找出所需要认读的仪表？ 11. 显示装置和控制装置在位置上的对应关系如何？ 12. 仪表刻度能否十分清楚地分辨？ 13. 仪表的精度是否符合读数精度的要求？ 14. 刻度盘的分度设计是否会引起读数误差？ 15. 根据指针能否很容易地读出所需要的数字？指针运动方向是否符合习惯？ 16. 音响信号是否受到噪声的干扰？
操纵装置	1. 操纵装置是否设置在手易于达到的范围内？ 2. 需要进行快而准确的操纵动作是否用手完成？ 3. 操纵装置是否按功能和控制对象分组？ 4. 不同的操纵装置在形状、大小、颜色上是否有区别？ 5. 操作极快、使用频繁的操纵装置是否采用了按钮？ 6. 按钮的表面大小、按压深度、表面形状是否合理？按钮间的距离是否会引起误操作？ 7. 手操纵装置的形状、大小、材料是否和施力大小相协调？ 8. 从生理上考虑，施力大小是否合理？是否有静态施力过程？ 9. 脚踏板是否必要？是否坐姿操纵脚踏板？ 10. 显示装置与操纵装置是否按使用顺序原则、使用频率原则和重要性原则布置？ 11. 操纵装置的运动方向是否与预期的功能和被控制对象的运动方向相结合？ 12. 操纵装置的设计是否满足协调性的要求？ 13. 紧急停车装置设置的位置是否合理？ 14. 操纵装置的布置是否能保证操作者用最佳体位进行操纵？ 15. 重要的操纵装置是否有安全防护装置？
作业空间	1. 作业地点是否足够宽敞？ 2. 仪表及操纵装置的布置是否便于操作者采取方便的工作姿势？能否避免长时间采用站立姿势？能否避免出现频繁的取物屈腰？ 3. 如果采用坐姿工作，能否有容膝放脚的空间？ 4. 从工作位置和眼睛的距离来考虑，工作面的高度是否合适？ 5. 机器、显示装置、操纵装置和工具的布置是否能保证人的最佳视觉条件、最佳听觉条件和最佳嗅觉条件？ 6. 是否按机器的功能和操作顺序布置作业空间？ 7. 设备布置是否考虑人员进入作业姿势和退出作业姿势的必要空间？ 8. 设备布置是否考虑到安全和交通问题？ 9. 大型仪表盘的位置是否满足作业人员操作仪表、巡视仪表和在控制台前操作的空间尺寸？ 10. 危险作业是否留有躲避空间？ 11. 操作人员精心操作、维护、调节的工作位置在坠落基准面上 2m 以上时，是否在生产设备上配置有供站立的平台和护栏？ 12. 对可能产生泄漏物质的机器设备，是否设有收集和排放泄漏物质的设施？ 13. 地面是否平整、没有凹凸？ 14. 危险作业区域是否设置有隔离装置？

续表

检查项目	检 查 内 容
作业环境	1. 作业区的环境温度是否适宜？ 2. 全域照明与局部照明对比是否适当？是否有忽明忽暗、频闪现象？是否有产生炫目的可能？ 3. 作业区的湿度是否适宜？ 4. 作业区的粉尘浓度是否超限？ 5. 作业区的通风条件如何？强制通风的风量及其分配是否符合规定要求？ 6. 噪声是否超过卫生标准？降噪措施是否有效？ 7. 作业区是否有放射性物质？采取的防护措施是否有效？ 8. 电磁波的辐射量如何？是否有防护措施？ 9. 是否有出现可燃气体、有毒气体的可能？检测装置是否符合要求？ 10. 原材料、半成品、工具及边角废料放置是否整齐有序、安全？ 11. 是否有刺眼或不协调的色彩存在？

③ 编制检查表注意事项　编制检查表应注意以下几个方面：

a. 从人机系统出发，利用系统工程方法和人机工程学的原理编制。可将系统划分为若干单元，以便于深入分析。

b. 要以各种技术规范、规程、规定和标准为依据进行编制。

c. 要充分收集有关资料。

d. 由人机工程技术人员、生产技术人员、安全管理人员和有经验的操作人员共同编制。

e. 检查表的格式有提问式、叙述式以及打分式，可依据检查目的进行选择。

2. 人机系统安全评价分析的新概念

（1）现代人机系统的新特点　现代工业发展的趋势是尽可能地使用信息技术。也就是说，人通过计算机控制生产过程，而不直接与产品、工件接触。信息技术的应用意味着常规的、程序化的工作将被自动化取代，留给人的任务是监督和管理。这种工作属于创造性较强的思维工作。因此，系统的安全分析与设计不能依据传统的作业分析、传统的作业与功能的描述。相反的，设计必须依据操作者所用的策略和方法。系统的分析与设计必须按照人的认知与心理活动进行。如果缺乏这方面的设计概念将会出现这种情况，即人在高技术装备条件下的工作表现，比在低技术装备条件下的工作表现差。这将导致系统的安全性降低。所以，对现代的大规模工业系统的危险分析与评价，必须充分考虑人在系统运行和维护中的作用。

从工程技术的含义上说，人的失误定义类似于机器部件的故障。在对系统进行危险分析与评价时，把技术装置看作是标准的机器元件的集合，这些机器零件的失效特性和频率可通过该部件在其他系统中的使用情况来确定。借助于系统的因果结构模型（如 ETA 的方法），可以求出系统运行可能出现的所有危险。类似地，人的操作也被看作为标准的活动或程序的组合，通过同样的作业活动或作业组合，获得人的失误的特性和频率，如人体失误预测技术。

上述的这种处理方法与工业工程中泰勒所首创的作业分析及心理学中行为主义观点有密切的联系。这些方法用在人的工作活动是手工装配、修理、检查等系统中是相当有效的。因为这些作业可分解成一系列的身体活动而且是明显可见的。它的依据是，作业是重复的机械活动，操作者通过训练后，能达到相当稳定的技能水平，失误是由于偏离了正确的操作程序造成的，它是随机变化的。

现代信息技术的应用，迅速改变了这些基本假设。人的重复工作由自动化取代，留给人的工作是监督和解决疑难问题。所以，不能按明显可见的原则，把作业适当地分解成标准的工作程序。作业分析必须依照与认知信息处理有关的诊断、目标评价、计划等心理作业。这种心理作业极少受外界的工作条件限制，它仍可通过各种策略来实现。此外，心理的作业行为不再是通过训练所能达到的稳定水平了。操作中的学习与适应性将是安全评价分析的重要特征和组成部分。

近几十年科学与技术的发展，使人机系统的分析与设计中包含的人的因素问题发生了显著的变化。由于人的工作系统越来越复杂，所以，系统的操作者——人，很难了解整个系统的所有功能。特别是当人的工作被自动化取代时，或者人通过计算机控制系统运行时，上述问题就更显突出和严重。

另外，由于现代工业系统趋向大规模、集中化，系统潜在的危险性增大。所以，操作者一旦失误将导致严重后果。由此可见，大规模工业系统中人的因素显得更为重要，对于现代工业系统中人的因素问题，应用传统的学科领域知识，对人机系统的安全设计和安全控制，提供的理论是不够的。

(2) 认知工程方法　　计算机的普遍应用，使人的工作转向高层次的监管工作中。这意味着人的作业行为与决策制定，以及问题求解有极密切的关系。在危险分析中人的作用分析不能根据作业的外部特征以及人机系统的安全分析与设计，必须依据与心理活动行为有关的认知能力与限度。对整个系统的设计评价必须采用"自上而下"的方法。大规模集中系统的分析需要认知心理学、控制理论及工程等方面的知识和方法。这样，对人机系统的研究自然要采用问题驱动（或概念驱动）的方法，称为认知工程。

认知工程方法的重要性不仅在于能够预测系统故障将能产生什么样的结果，而且还在于能在昂贵的系统原型产生前，建立一种方法来分析大规模系统的功能与用户的接受性。因为系统的要求已无法通过系统的实际运行来调试，系统是否安全可靠用实际运行来检验是不允许的。因此，也就不能根据直接来自事故中的实验数据设计系统，而只能根据人-机相互作用的预测模型。这就要有效地应用认知工程的理论方法。在安全分析方面认知工程的研究内容主要如下。

① 对各种工作来说，有效的操作者心理模型是什么？什么样的心理模型可作为显示形式设计的基础？正常工作中的心理模型与异常时的工作行为有什么不同？专家解决问题与非专家解决问题有什么不同？

② 在人的失误背后，基本的心理学机制是什么？在正常工作条件及少见的、异常工作情况下，为保证检查到失误，并使失误获得恢复需要什么样的信息？

③ 在系统控制过程中，操作者诊断、评价及规划所产生的差错造成了许多重大事故。因此，需要计算机系统帮助操作者决策和判断。为协调人-计算机之间的相互作用，必须知道人解决问题的策略与限度的模型。除此之外，还应知道操作者是如何理解和接受建议的。当用专家系统支持操作者在极大的危险情况下工作时要求的专家系统应该是什么样的。

人们广泛地探讨专家系统是因为它能使不精通专业的人也像专家那样知道如何去做，如何解决所遇到的问题。专家的明显标志在于他们掌握一系列丰富的规则和方法，这使得他们能够利用"启发法"，在解决问题时无需费力地去分析那些观察到的蛛丝马迹。所以，需要研究启发法与概念分析的正确结合以及人机合作决策制定时人机分配问题。

由上述可知，认知工程是一门多种学科相互交叉的综合学科。由于认知工程的方法基本上属于问题驱动，其典型特征是尽可能有效地表达人机相互作用的功能与关系以及确定它的限度。它的研究包括所有的人的研究、环境技术与机器的分析，它是人机系统安全分析与设计的新技术。

二、设计错误和操作错误分析

（一）设计错误分析

机器设计不当和设计出现差错叫设计错误。它是在机器设计阶段产生的，但是错误往往要在试车或投产时才暴露出来。设计错误表现在对机器和人员的任务分配得不合理，结果不利于提高人机系统的效率。具体说来有如下几个方面。

1. 功能分配错误

在人机系统的功能确定之后，必须在人与机器之间进行功能分配，即哪些工作由人来执行，哪些由机器去完成。功能分配错误就在于给人和机器分配了不适当的任务，这可能有两种情况。

（1）给人分配了无法顺利执行的功能，或者把机器能更有效地完成的功能分配给人，造成人在执行这种功能时，不但费劲、费时，而且容易产生差错。例如，要求汽车司机人工记下汽车跑过的千米数，这是很难实现的，这种记千米数的功能最好由自动里程仪表去完成。又如，给变压器绕线圈时，如果不是用机械装置去自动记录，而是由人去记，那么这工作，不但费时费劲，而且容易出差错。

（2）可以由人很好执行的功能分配给了机器，因此，在执行这种功能时，需要增加特殊的或较复杂的装备，这不但优越性不大，而且甚至是浪费。对一些影响因素变化很大，灵活性很高的操作，如在公路或大街上行驶汽车由于人流、车辆、障碍物等多种因素影响，汽车的停、走、转向变化无常，因此，驾驶任务由人去执行才是比较理想的。又如，可用一台计算机去对绘画作品的美学价值作概略判断，但由人去完成则会更恰当些。

人与机器之间的功能分配，有一部分是受功能性质所限制，比如，不能要求人的操作活动和机器那样连续不断地进行，或者和起重机那样一次扛起几吨重的东西。在大多数情况下，决定某种功能应该由人还是由机器去完成，是比较容易的。但要对人与机器都能完成的工作，做出由何者完成更合适、更经济时，考虑的因素就多了，如成本、安全、执行的可靠性、维修能力等。当机器完成某种功能并没有多大的优越性时，此功能应由人而不是用机器去完成。

即使是自动化的人机系统，如果没有特殊的优越性（如生产率、可靠性、成本、安全和使用者的方便等），也还是以人工操作为好。这可能与有些人的想法不太一样，但事实往往如此。

2. 人的工程设计错误

这种设计错误主要是没有保证人与机器间有效的相互作用。一般表现如下。

（1）对控制-显示装置或其他部件，没有按照操作人员能迅速准确操作的原则加以配置。如显示装置和与它相关联的控制器不是互相接近而是相隔较远，造成操作上的困难或不能互相关照。

（2）没有根据人机系统的特征选择最适当的控制、显示装置或其他部件。如系统要求能得到较大的作用力，可是选择的却是不能承受很大作用力的控制器，因而不能很好完成系统的任务。

（3）没有提供操作人员执行某种功能的必要条件。如有的时候给操作人员一个显示装置用以提供信息，但他不能根据这种信息进行操作，因为没有提供执行这种操作的设备。或者相反，分配给操作人员执行的功能，却没有为操作人员提供有关信息的装置。此外，没有充分考虑处理那些可能发生的事故。结果当人机系统内的潜在问题意外地发生（如爆炸、燃烧）时，整个系统就会产生严重后果。

以上的设计错误，有一些是局部或细节上的错误，但对整个人机系统来说，也会产生不良影响和损失，甚至有时损失会极其严重。比如，数年前日本某石油联合企业发生一次严重爆炸事故。事后查明，其原因是设计油箱阀门时，没有充分考虑人的"操纵力"这个因素，以致操作者操作时，所用的力超过了阀门所能承受的力，致使阀门损坏，引起油罐爆炸燃烧。可见人机系统设计中控制器设计不当，或者安置不当，会对系统作业产生大的影响。但人们往往很难认识到潜在的破坏性危险。因此，有时会掉以轻心，忽视某些环节，造成系统中的一些漏洞或缺陷，从而影响全局。

这里值得提醒的一点是，造成设计错误的因素，总是可能存在的，例如：对于机器和总体系统的要求，分析不够完全，不够充分；没有按照设计程序进行设计或设计过于仓促；设计人员对解决某项问题的"先入为主"的态度或带有偏见，设计人员过分依赖自身的经验，甚至鲁莽行事，因此，必须充分重视，以便预先克服和防止。

3. 电子设备常见的设计错误

电子设备已经广泛地应用于各种生产部门，几乎任何工业系统都少不了电子设备。下面介绍电子设备在人机系统方面常见的设计错误，以供设计时参考。

（1）视觉显示装置安设在不适当的位置上，致使操作者不能很好地观察刻度盘、刻度、指针和数字。刻度盘的各部分关系因视差而被歪曲；计数器因安装得不适当使数字看不清楚等。

（2）显示器上的分刻度线、数字和指针的形状大小设计不当，影响认读效果。

（3）同一刻度盘上指示几种参量，且要用内插法读数，使读数困难，从而引起读数误差。

（4）控制器的运动方向不是根据人的生理习惯方向进行设计，结果与操纵者所期望的方向正好相反。

（5）控制器和对应的显示器的运动方向不一致，在相互位置上也安排得不恰当。

（6）控制器造型设计不良，操作不便（用力、手感等不好），位置安设不当，使操作者操纵和调节起来困难，或无法进行。

（7）控制台的设计没有考虑操作者膝盖的空间，记录台的高度不合适，控制器和显示器没有安设在最佳部位上。

（8）设备的设计和空间布置没有考虑发展扩大的余地（如增加工作人员或扩大设备）。

（9）没有考虑人体操作量的平衡性，使一只手负担过重，而另一只手却无事可做。

（10）照明装置不良，致使一部分光线强，另一部分光线弱，这样不但容易引起视觉疲劳，而且许多仪表由于光线不够而不能认读。

（11）设备上有光亮面或反光强烈的外壳，而产生眩光。

（12）元件相互间的布局不良，维护人员往往需要拆卸数个元件后才能修理或更换一个元件。

（13）零部件设计得太重，使维护人员操作时颇为费力。

（14）所用颜色不协调，标记不醒目，而且颜色匹配也不是根据视觉要求选择。

（15）设备上的识别标记与维护说明书上不一致，有的虽然一致，却又不是按照便于查找的方式来编排，因此使使用可靠度下降。

（二）操作错误分析

系统的运行，主要依赖于人的活动，人对设备系统的影响是很大的。人与系统又是互相作用的，如果系统的任何环节，对操作人员的工作造成困难，都会降低设备运转的效率；而操作人员操作的失误，也会给系统带来损失。人的操作错误往往是难免的，有如机器的磨损和故障是不可避免的一样，问题是如何根据操作规程，慎重地了解人产生操作错误的原因，进而防止或避免人的操作失误。

操作是发生在人与机具间的一种动态过程，因此，操作错误也就与操作的人和被操作的机具有关。操作错误主要表现在如下几个方面。

1. 失职的错误

所谓失职的错误，一般是指由于人体内能状态的变化，没有执行所要求的操作动作而造成的操作错误。也就是说，在操作过程中，人的操作情况与人的精神状态有关。人既有神志清醒状态，也有神志恍惚和慌乱状态，这是人存在的意识状态问题。研究者把人的大脑意识状态分成五类，见表7-5。操作时，人的意识状态一般属于Ⅱ类的松弛状态和Ⅲ类的活跃状态，而属Ⅱ类的最多。Ⅲ类是人的动作可靠性最好的状态。作为意识之源的大脑，有新皮质和旧皮质的双重结构，这是人脑最重要的部分，是高级神经活动的基础。旧皮质和自律系统等是维护个体生命和保存人类本能性活动的部分。新皮质是承受高级神经活动的部分。在新皮质中，有激发高级神经活动的加速系统和使其抑制的制动系统。加速系统包括对人的本能竞争的有意的刺激（如为了某种利益，十分善于争辩）、肌肉运动（对自主性动作特别卖力）和产生适度精神紧张（如对自主的操作计划进行得最有效）等。制动系统一般处于优先作用的地位。当体力消耗过大时，制动系统的保护作用（如因疲劳发出制动信号停止作业）增强；当处于不快、不满的事态和不允许自主、自律的作业，以及无需认真思考的单调劳动中，制动系统的作用也增强。从上可知，意识的调节机构，总是在本能地抑制活动以保护人体，即总是趋向于易于产生误操作的意识状态，这就促使操作者不能执行所要求的动作，最后产生失职错误。

表 7-5　人的意识水平

类别	意识状态	注意力情况	生理状态	可靠性
0	无意识,失神	0	睡眠	0
Ⅰ	意识昏沉,低于正常	迟钝	疲劳、单调、昏昏欲睡	0.9以下
Ⅱ	正常,松弛状态	被动的,心神内向	安静起居,正常作业	2～5.9
Ⅲ	正常,活跃状态	主动的,心神外向	积极活动时	6.9以上
Ⅳ	过度紧张,兴奋	精力集于一点,判断停止	感情兴奋,恐怖状态	0.9以下

2. 工作的错误

所谓工作的错误，是指由于人们思想不集中或操纵器安设得不当等原因，以及用不正确的方式执行操作动作所造成的结果。这种错误的形成主要是违背了操作顺序，或者执行动作的时间不恰当。比如，在对操纵杆或按键开关的操作错误中，有的是选择失误（即识别错误），有的是未经识别就进行习惯性动作的错误，有的是由于位置安设不当而造成的误操作等。此外，操作过量或不足、手脚运动的惯性相干扰、操作后忘记检查复位等引起的错误，都是工作的错误。

此外，据有关资料统计，下列情况容易发生操作失误：提供操作的信息传递不完全，对人的感觉刺激过大或过小；控制装置配置不合理；表示方法不适当；操作时间提前或滞后；环境条件恶劣和生产管理制度不健全等。如生产场所照明不够，就会影响人的视觉准确性引起操作错误。照明不够固然是属于作业环境不良的问题，但是，也属于生产管理不善的问题。所以，操作者的错误与生产管理不善也有密切关系。

3. 错误的危害性

操作错误最轻的影响就是完成任务迟缓。比如，从广州开往北京的特快列车，恰恰在丰台站错误地发出停车信号，从而使列车晚点，这对乘客可能感到不方便，耽误了一些时间，但是，特快列车目标还是完成了。较为严重的危害，是导致不能达到机器运行的目的。更为严重的是，可能造成机器失灵，从而不仅任务不能完成，而且完成任务的手段至少暂时受到损坏。最严重的情况是，可能使操作者本人或别人的安全受到危害。比如，飞机驾驶员犯一个操作错误，可能会使他本人和乘客受伤或死亡。在某些要害部门误操作其危害将更大。

每个人都有发生操作错误的可能性，但从人机工程学角度来看，错误也不是不可避免的。一般说来，只有预先存在使人会犯错误的条件时才会发生。所以，人机工程学除在其他方面起作用以外，就是要在设计机器时，尽可能排除诱发操作错误的因素，使机器的特征不致使操作人员犯错误。

（三）容易诱发误操作的因素

容易诱发误操作的因素是多方面的，既有人的因素又有环境方面的原因，归纳起来主要有如下几点。

1. 环境条件的影响

如果是在噪声、振动、高温、照明不良等恶劣环境条件下作业，就很容易使人产生误操作。

2. 机具设计不良的影响

如果机器的形状、尺寸、颜色匹配等设计得不周到，或机具的位置安设得不良，就容易产生误操作。

3. 人的生理节律变化的影响

据有关研究表明，人在一天24h内，在黎明5～6点钟的时候人的意识状态最低。因此，疲劳、睡眠不足等外界因素给人情绪上的影响，都是诱发误操作的因素。

4. 人的意识状态差别的影响

当许多人和设备组合在一起完成某种任务时，由于参加者的意识状态不同，以及其他影响因素的不同，因而在相互的信息联系过程中，往往会发生误操作。据一些调查结果表明，由不承担最终责任或本身与事故的危害无关的人，去充当中间传递或决策者时，差错发生率最高。

国外许多学者都在探讨容易诱发误操作的原因。比较典型的有 D. 麦斯特等人，他们认为容易诱发误操作的场合如下。

（1）协同作业方面　两个操作人员以上的作业工序；高速运行情况下的手动控制；分散配置的手动控制操作盘。

（2）速度和准确度方面　高速运行的工序；要求时间极为准确的工序；要求极短时间内做出决定的操作。

（3）辨别信息方面　两个以上变化很快，并要求迅速做出比较的显示；按多输入源做出决定，长时间监视的显示。

（4）不适当的信息输入特性　需辨别的显示之间有许多共同的特性；显示很快地变化，信息输入的性质和时序根本不能预测或只能预测其中一部分；产生不适当的视觉和听觉反馈。

（四）防止误操作的措施

前面说过，差错并非不可避免，而是在于如何采取积极防止误操作的对策。一方面要充分发挥人的主观能动性；另一方面要在作业及整个系统的构成方面下工夫，使得即使发生差错也能及时消除。充分发挥人的因素的措施主要如下。

1. 改善人机界面的条件

从人机工程学角度消除不适因素，创造适合于感觉器官的条件，创造易看、易听的条件；增加判断和识别所需的标志；施行其他对策等，从而达到改善人机界面的条件。

2. 注意人的意识状态

保持人在较高的意识状态，消除单调的工作状态，使人们在工作中有主动权，有可能根据实际情况改变工作步调；重视人在一天内的生理节律变化，防止过度疲劳；人在急于解决困难时往往出差错较多，因此，应预先对紧急状态拟定简单明了的处置方法和必要的预防措施。

3. 注意环境条件

尽量改善易于诱发误操作的环境条件，在不能停止工作的场合要有充分的后援措施。

4. 设计要合理

设计设备时要考虑给人们在作业、维护和调整时提供方便和舒适的条件。比如，为了操作、维护和检查，在设备结构的关键部位开设窗口时，窗口的形状、大小、位置等都应适合操作人员的需要，否则就会带来工作上的困难。如图 7-8 所示为设备上九种不同情况的开口尺寸。

（1）为需要双臂伸入的开口，开口宽为口边到操作对象的距离的 75％加上 150mm。

（2）为需要把弯曲的胳臂和手伸入的开口，开口直径一般为 110mm 左右。

（3）为需要把整个手臂伸入的开口，开口直径要大于 125mm（考虑冬天穿棉衣时要增加 75mm）。

（4）、（5）为需要伸直手和握紧手伸入的开口，尺寸如图 7-8 所示。

（6）、（7）为手伸入开口拿小物件时的尺寸。

（8）供手指去操作按键，孔口直径约 40mm。

（9）供伸手去操作旋转开关，孔口尺寸约 65mm。

这些开口尺寸，为操作者的操作方便提供了条件下，是不会因开口问题产生操作失误的。

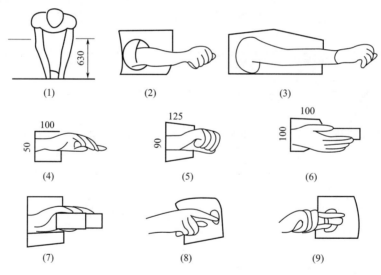

图 7-8　设备上供手活动的开口尺寸（单位：mm）

5. 提高协作精神

在集体作业时，要特别注意做好容易诱发误操作的环节，提高协作精神。

6. 建立培训制度

对人员要进行训练和学习，建立起培训与学习制度。

习题及思考题

1. 说明可靠性和可靠度的概念。

2. 不可修复产品与可修复产品有哪些可靠性特征量度量其可靠性水平？

3. 简述可靠度、不可靠度、密度函数之间的关系。

4. 某产品的寿命 T 的失效密度函数为 $f(t) = te^{-\frac{r^2}{2}}$，$t \geqslant 0$，试计算这种产品的可靠度 $R(t)$ 和失效率

$\lambda(t)$。

5. 说明系统的寿命过程。

6. 根据故障（失效）浴盆图，说明如何减少人为失误？

7. 人机系统设计的注意事项有哪些？

8. 简述人为失误的控制方法。

9. 某系统有五个单元串联组成，各单元工作是相互独立的，其可靠度分别为 $R_1 = 0.9918$，$R_2 = 0.9879$，$R_3 = 0.9995$，$R_4 = 0.9796$，$R_5 = 0.9750$。计算系统的可靠度。

10. 什么是可靠性设计？它与常规设计有什么关系与区别？

11. 机械设备（系统）可靠性设计应包括哪些方面工作？

12. 可靠性设计主要有哪些原则？为什么要考虑这些问题？

13. 可靠性设计与维修性设计的区别与联系是什么？

14. 维修性设计的主要原则有哪些？

15. 如何应用检查表进行人机系统评价？

参 考 文 献

[1] 谢庆森，王秉权. 安全人机工程. 天津：天津大学出版社，2004.
[2] 丁玉兰. 人机工程学. 第 3 版. 北京：北京理工大学出版社，2007.
[3] 王保国等. 安全人机工程学. 北京：机械工业出版社，2007.
[4] 欧阳文昭，廖可兵. 安全人机工程学. 北京：煤炭工业出版社，2002.
[5] 李红杰. 鲁顺清. 安全人机工程学. 北京：中国地质大学出版社，2006.
[6] 程根银，倪文耀. 安全导论. 北京：煤炭工业出版社，2004.
[7] 赵江红. 人机工程学. 北京：高等教育出版社，2005.
[8] 金龙哲，宋存义. 安全科学原理. 北京：化学工业出版社，2008.
[9] 谢庆森，牛占文. 人机工程学. 北京：中国建筑工业出版社，2005.
[10] 刘景良. 安全管理. 第 3 版. 北京：化学工业出版社，2014.
[11] 刘东明，孙桂林. 安全人机工程学. 北京：中国劳动出版社，1993.
[12] 工业企业设计卫生标准 GBZ 1—2010.
[13] 白恩远，杨硕，王福生. 安全人机工程学. 北京：兵器工业出版社，1996.
[14] 郭伏，杨学涵. 人因工程学. 沈阳：东北大学出版社，2001.
[15] 丛惠珠. 色彩·标志·信号. 北京：化学工业出版社，北京，1996.
[16] 石金涛，顾琴轩，韩蒙. 安全人机工程. 上海：上海交通大学出版社，1997.
[17] 蔡启明，余臻，庄长远. 人因工程. 北京：科学出版社，2005.
[18] 袁修干，庄达民. 人机工程. 北京：北京航空航天大学出版社，2002.
[19] 洪宗辉. 环境噪声控制工程. 北京：高等教育出版社，2002.
[20] 赵江平等. 安全人机工程学. 西安：西安电子科技大学出版社，2014.
[21] 刘景良. 职业卫生. 第 2 版. 北京：化学工业出版社，2016.
[22] 刘景良. 大气污染控制工程. 第 2 版. 北京：中国轻工业出版社，2012.
[23] 工作场所有害因素职业接触限值 GBZ 2.1—2007.